GESCHICHTE DER ALTEN KIRCHE

von

Hans Lietzmann

4

Die Zeit der Kirchenväter

3. Auflage

VERLAG WALTER DE GRUYTER & CO., BERLIN

1961

Archiv-Nr. 32 03 61

Satz und Druck: Thormann & Goetsch, Berlin

Inhalt

1. Jovian, Valentinian und Valens

Jovians Erhebung bedeutete das Ende der Julianischen Religionspolitik. Der neue Kaiser war Christ. Schon Mitte September 363 wurde angeordnet, daß „nur der höchste Gott und Christus verehrt werden und die Völker sich in den Kirchen zum Gottesdienst versammeln sollten". Die alten Rechtsverhältnisse, Einkünfte und Privilegien der Kirchen und Kleriker wurden wiederhergestellt und die heidnischen Opfer untersagt: in Korfu ist noch ein Tempelchen erhalten, dessen Umwandlung in eine Kirche dem Jovian zugeschrieben wird[1]. Nach einiger Zeit aber wurde Toleranz verkündet und der Tempelkult freigegeben, soweit er nicht mit Zauberei und Schwindel verbunden war: Themistius lobt die neu geschenkte Freiheit, auf mehr als einem Wege zu Gott zu kommen. Natürlich wurde auch das Unterrichtsverbot für Christen aufgehoben[2].

Aber zugleich mit dieser Wiederanerkennung des Christentums durch den Staat tauchte auch die Frage von neuem auf, welche seiner Organisationen die rechte sei. Die alten Parteien der vorjulianischen Zeit wurden wieder sichtbar und bemühten sich um die Wette, die Anerkennung des neuen Herrn zu gewinnen. Noch in Edessa bekam er den ersten Besuch arianisierender Bischöfe, die ihn gegen Athanasius einzunehmen wünschten. Doch dieser war auf der Hut und machte ihm gleich danach in Baalbek seine Aufwartung. Und als der Kaiser nach Antiochia kam, mußte er eine Deputation der alexandrinischen Opposition anhören, die sich zu mehreren Malen leidenschaftlich gegen die Wiedereinsetzung des Athanasius in sein Bistum wehrte. Wir haben eine ergötzliche Aufzeichung über diese Audienzen unter

---

[1] hist. aceph. 12 p. 76 Fromen. Sozom. 6, 3, 3—4 Socr. 3, 24, 5 Kaibel Epigr. graeca n. 1060.

[2] Themistius or. 5 p. 80—83 Dindorf. Cod. Theod. 13, 3, 6 vgl. Bd. 3, 276 f.

den Papieren des Verklagten erhalten[3]. Jovian hatte den Athanasius nach Antiochia mitgenommen und bestätigte ihn nun in seinem Amte. Der viel angefeindete Mann war nämlich auch von Julian trotz der anfänglichen Begnadigung[4] wieder verbannt worden, angeblich wegen unbefugter Amtsführung, in Wirklichkeit doch wohl, weil seine Tätigkeit in Alexandria dem Kaiser unbequem wurde: wir hören ihn über die Bekehrung vornehmer Damen zum Christentum klagen. Am 24. Oktober 362 hatte Athanasius die Stadt verlassen mit dem Troste „Es ist ein Wölkchen und wird bald vorübergehn". Und wirklich: am 14. Februar 364 kehrte er von seiner erfolgreichen Reise an Jovians Hoflager wieder heim[5].

Hier versammelte er eine Synode der ägyptischen Bischöfe und ließ von ihr eine Darlegung des wahren Glaubens approbieren, die er dem Kaiser zusandte. Darin wurde das Nicaenum als die einzige und im ganzen Reich überall anerkannte Richtschnur des Glaubens bezeichnet und die Gleichstellung des Heiligen Geistes entsprechend den Beschlüssen[6] von 362 gefordert. Die Versuche „einiger weniger Ariusfreunde" im Orient, das Homousios unter scheinbarer Anerkennung durch falsche Deutung zu beseitigen oder gar das Homoios vorzuschieben, werden scharf abgewiesen[7]. Das ging auf ein Gutachten, welches die „Makedonianer" Basilius von Ankyra und seine homoiusianischen Freunde[8] dem Kaiser vorgelegt hatten und in dem entweder Geltung des Homoios von Ariminum und Seleukeia oder Freiheit der theologischen Gruppenbildung gefordert wurde. Jovian hat das sehr ungnädig vermerkt[9].

---

[3] Edessa: Philostorg 8, 6. Baalbek: Ath. Festbriefe Vorb. 35 p. 40 Larsow. Antiochia: Athan. op. 2, 334—336 Opitz. Beilage zu der epist. ad Jovianum.

[4] s. Bd. 3, 268.

[5] Julian ep. 110—112 hist. aceph. II. 13 Rufin KG 10, 35 Jov. ep. ad Ath. (Ath. 2, 330 Op.).

[6] s. Bd. 3, 274.

[7] Ath. epist. ad Jov. 2, 330—333 Opitz.

[8] s. Bd. 3, 228.

[9] Sozom. 6, 4, 3—5 Socr. 3, 25, 1—5.

Besser trafen die Meinung des Kaisers die Männer, die sich um Meletius und Euseb von Samosata in Antiochia versammelt hatten und denen auch der wandlungsfähige Acacius von Caesarea beigetreten war. Ihr Synodalschreiben[10] bekennt sich zum Nicaenum, bemerkt aber ausdrücklich, daß sein Homousios im Sinne der „Väter" — will sagen der alten Origenisten vom Schlage des Euseb — als „wesensgleich" (homoios kat' usian) verstanden werden müsse und eine Abweisung des Arianismus alter und neuer Form bedeute. Das war in der Sache der alte Standpunkt des Programms von Ankyra (358)[11], nur daß man sich jetzt zur Anerkennung des damals noch verworfenen Nicaenums bequemte. Hierin lag eine der kirchlichen Einheit dienende Annäherung an die Forderungen der alexandrinischen Synode von 362, aber die Betonung der eigenen Theologie und das Fehlen jeder Äußerung über den Hl. Geist unterstrich doch merkbar den Abstand, und Athanasius hat das schmerzlich empfunden[12]. Auch Apollinaris von Laodicea sah sich veranlaßt, seine Christologie dem Jovian vorzutragen[13]. Es scheint, als ob der Kaiser in seinem Streben nach Überbrückung der Gegensätze solche schriftlichen Darlegungen des Standpunktes der verschiedenen Gruppen angefordert hat[14]. Aber zu einer Entscheidung kam er nicht, denn am 17. Februar 364 ereilte den Zweiundreißigjährigen in einem bithynischen Dorfe der Tod: er erstickte in seinem Quartier an Kohlendunst. Noch nicht volle acht Monate hatte er regiert.

Sein Nachfolger wurde ein im Anfang der vierziger Jahre stehender Gardeoffizier namens Valentinian, ein großer, schöner Mann mit blondem Haar und blauen Augen. Sein Vater hatte sich als fremder, vielleicht germanischer, Landsknecht bis zum General emporgeschwungen, war aber schließlich gescheitert und hatte sein wenig ehrenvoll erworbenes Vermögen verloren. Den Sohn empfahl ein alter, kluger Politiker, und die Soldaten be-

---

[10] Socr. 3, 25, 10—17 = Soz. 6, 4, 7—10.

[11] s. Bd. 3, 219 f.

[12] vgl. Basilius ep. 89, 2 und die anonyme Kritik des antioch. Synodalbriefes bei Ath. op. 2, 31—33 Montf.

[13] Lietzmann, Apoll. 1, 250—253.

[14] Athan. ep. ad Jov. 1, 2 (2, 331, 3 Opitz) vgl. Socrates 3, 25, 19.

folgten den Rat: am 26. Februar 364 wurde Valentinian zum Augustus ausgerufen. Aber das Heer forderte sogleich noch einen zweiten Kaiser und gab sich damit zufrieden, daß Valentinian keinen besseren finden konnte, als seinen jüngeren Bruder Valens, der als gemeiner Soldat in der Garde diente und von den Vorzügen des älteren auch nicht einen besaß. Beide Kaiser waren Barbaren im Vollsinn des Wortes, nur daß Valentinian sich den Firnis der kulturellen Lebensformen angeeignet hatte und wirklich Achtung vor Kunst und Wissenschaft besaß, während Valens seinem Naturzustande treuer geblieben war. Die Regierungszeit beider Brüder ist erfüllt von Grenzkriegen, die ohne große Entscheidungen hin- und hergingen. Am Rhein und an der Donau scheiterten die Versuche Valentinians, den alten Limes wenigstens in der Form einer Linie von Kastellen wieder zu gewinnen. Und im Osten führte das Ringen mit den Persern um den bestimmenden Einfluß in Armenien und Iberien (Georgien) auch nicht zu einem befriedigenden Ergebnis. Am Hof und in der Verwaltung rissen viele durch Julian beseitigte Mißbräuche wieder ein, und die Günstlingswirtschaft lag schwer auf den Provinzen. Ein rücksichtsloser Fiskalismus in Steuersachen kreuzte sich mannigfach mit ernsthaftem Willen zur Sparsamkeit oder dem Bestreben, den niederen Volksklassen ihre Lage zu erleichtern, und in den gewohnten Gang der Regierungsmaschine schlugen ab und zu Gewitter eines allerhöchsten Jähzornes blutig ein.

In kirchlichen Dingen war Valentinian sehr zurückhaltend und konnte es auch sein, da der ganze Westen nach der Aufhebung der Zwangsmaßnahmen des Konstantius und der Anerkennung des Nicaenums einig war und die Sonderstellung des „Arianers" Auxentius von Mailand und der ihm gleichgesinnten, d. h. an der Formel von Rimini[15] festhaltenden, illyrischen Bischöfe einstweilen nicht ernstlich angefochten wurde. Wir hören sogar von einem Gesetz, in dem Valentinian die Unabhängigkeit der kirchlichen Gerichtsbarkeit in Sachen des Glaubens und bei Anklagen gegen Kleriker ausdrücklich anerkannt habe[16]. Als er

---

15 Bd. 3, 227.
16 Ambros. ep. 21, 2. 5.

gleich nach seiner in Nicaea erfolgten Erhebung dem Westen zuzog, suchte ihn im Auftrag der Bischöfe jener Gegenden Hypatianus von Heraklea-Perinthus auf und bat ihn, den Zusammentritt einer Synode zur Regelung der Glaubensfrage anzuordnen[17]. Er erhielt die ungnädige Antwort: „Ich bin ein Laie und brauche mich um solche Dinge nicht zu kümmern. Die Priester, die das angeht, mögen für sich zusammenkommen, wo sie wollen."

Das taten sie denn auch, und es ist für die geographische Verschiebung des kirchenpolitischen Schwergewichts bezeichnend, daß die Synode in Lampsacus am Südufer der Dardanellen stattfand[18]. Valens erlaubte das[19]. Nach zweimonatigen Verhandlungen einigte man sich unter ausdrücklicher Ablehnung der in Konstantinopel und Nike aufgezwungenen homöischen Formeln auf die Verkündigung des Standpunktes der einstigen Majorität von Seleukia (359)[20]. Geltung des alten Symbols der antiochenischen Kirchweihsynode (341), das man homoiusianisch interpretierte. Die von den Anhomoiern — gemeint sind die Acacianer und in erster Linie Eudoxius — Abgesetzten seien als die rechtmäßigen Inhaber der Bischofsthrone anzuerkennen. Eudoxius und seine Anhänger wurden zu bußfertiger Unterwerfung aufgefordert. Die dachten aber gar nicht daran, klein beizugeben, sondern hatten ihre höfischen Beziehungen sofort kräftig ausgenutzt. Als die Gesandten der Synode von Lampsacus bei Valens eintrafen, erhielten sie den Bescheid, daß der Kaiser Anschluß an seinen Residenzbischof Eudoxius verlange: wer das nicht wolle, möge in die Verbannung gehen. Und wirklich — wer in aufrechter Gegnerschaft gegen den Vertrauensmann des Kaisers verharrte, wurde abgesetzt: so auch Meletius von Antiochia. Es gab Ausnahmen, zumal wenn eine Persönlichkeit als solche Eindruck auf Valens machte, aber im allgemeinen galt die Regel, daß die im Jahre 360 von Konstantius abgesetzten Bischöfe ihre unter Julian wieder eingenommenen Sitze aufs neue abgeben mußten.

---

17 Sozom. 6, 7, 2.
18 Bericht bei Sozom. 6, 7, 3—10.
19 Socr. 4, 2, 3.
20 Bd. 3. 228 f.

Das traf auch den Athanasius[21]. Nach vergeblichen Verhandlungen mit dem Präfekten verließ er am 5. Oktober 365 die Stadt, kehrte aber bereits am 1. Februar des nächsten Jahres auf Grund eines kaiserlichen Reskriptes wieder zurück. Man behauptete, seine Gegner hätten ihn doch lieber im Amte dulden als seine agitatorischen Künste aufs neue herausfordern wollen, und fortan ließen sie ihn bis zu seinem Tode in Ruhe. Ein Versuch des Arianerbischofs Lucius[22], seine alexandrinische Sondergemeinde wieder zu betreuen (September 367), wurde schnell mit Hilfe der Behörden abgewehrt[23]. Der Kaiser war in den Jahren 365 und 366 in schwerer Sorge um seinen Thron, denn der aus dem Perserkrieg Julians bekannte General Prokopius[24] hatte sich in der Reichshauptstadt zum Kaiser ausrufen lassen und sogar bithynisches Gebiet besetzt, während Valens auf dem Marsch nach Antiochien war. Erst im Mai 366 gelang es, die Empörung niederzuschlagen und den Anstifter hinzurichten. Es ist nicht unmöglich, daß die auffällige Milde des Valens gegen Athanasius dem Wunsche entsprang, in so kritischer Zeit den gefährlichen Mann freundlich zu stimmen und Alexandria ruhig zu halten[25].

Sonst aber gab es im ganzen Osten viel Wehklagen über die „Verfolgung" des rechten Glaubens durch Valens. Man hielt auf Synoden in Lampsacus, Smyrna und anderen Orten sorgenvolle Besprechungen ab und kam schließlich auf den Gedanken, eine Gesandtschaft an den älteren Bruder Valentinian zu schicken und ihn um seine Einwirkung anzugehn. Eustathius von Sebaste in Armenien, Silvanus von Tarsus in Kilikien und Theophilus vom kilikischen Kastabala reisten zu diesem Behufe nach Italien, trafen aber den Kaiser nicht mehr an, da er sich schon im Januar des Jahres (366) nach Reims begeben hatte. Ihm nachzureisen wäre zwecklos gewesen, da es unter allen Umständen notwendig

---

[21] hist. aceph. 15. 16 Sozom. 6, 12, 5—16.

[22] Bd. 3, 268.

[23] hist. aceph. 18 vgl. 14 und Sozom. 6, 5, 2 (wo er nur als Presbyter bezeichnet wird) Athan. op. 2, 334, 1 Opitz. Bischof nennt ihn Sozom. 5, 7, 1.

[24] Bd. 3, 288 f.

[25] Socr. 4. 13, 5 f.

war, erst einmal das Verhältnis zu den Häuptern der abendländischen Kirchen zu klären. So richteten denn die drei Gesandten ein Schreiben[26] an Liberius von Rom, in dem sie sich feierlich zum Nicaenum als dem unerschütterlichen Glaubensgrund der katholischen Kirche und seinem den Arius heilig und fromm abwehrenden Homousios bekannten. Die unter Anwendung von List und Meineid aufgezwungene Formel von Rimini wurde ausdrücklich verflucht. Sie betonten bei der Unterzeichnung, daß sie diesen Schritt im Namen ihrer Auftraggeber täten und baten um eine schriftliche Anerkennung durch Liberius. Dieser hatte die Deputation zunächst mit nicht unberechtigtem Mißtrauen betrachtet, da er ja doch aus eigener Erfahrung über die Haltung der Orientalen Bescheid wußte[27]. Aber er kannte auch das Gewicht der kaiserlichen Druckmittel und hatte persönlich allen Grund, reuigen Sündern die Tür zu öffnen. So überreichte er denn den Bittstellern ein an die Bischöfe des Ostens, von denen 64 mit Namen genannt werden, gerichtetes ausführliches Schreiben, in welchem der Genugtuung darüber Ausdruck gegeben wird, daß Morgen- und Abendland nun einig seien in der Anerkennung des Nicaenums und der Verwerfung der Beschlüsse von Rimini[28]. Durch diese Bescheinigung der kirchlichen Gemeinschaft legitimiert, reisten die Drei nun nach Sizilien, wo analoge Beschlüsse von einer Synode gefaßt wurden. Auch aus Afrika und Gallien trafen zustimmende Schreiben ein[29], und die Gesandten durften ihre Heimfahrt mit dem Gefühl antreten, daß sie über Erwarten große Erfolge erzielt hatten.

Im Osten wurden sie mit Freude empfangen, und einige auf dem Boden der antiochenischen Beschlüsse[30] von 364 stehende Bischöfe kamen im kappadokischen Tyana zusammen, um eine große Einigungsaktion auf der nun gesicherten Grundlage vorzubereiten. Im Frühjahr 367 sollte in Tarsus die Verbindung von Morgen- und Abendland unter dem Zeichen des Nicaenums ver-

---

[26] Socr. 4, 12, 9—20 vgl. Sozom. 6, 11, 1—3.
[27] Bd. 3, 222—224.
[28] Socr. 4, 12, 21—37.
[29] Socr. 4, 12, 38 Sozom. 6, 12, 3.
[30] s. S. 2.

kündet werden. Nur 34 unentwegte Reaktionäre hielten im karischen Antiochia eine Synode, die noch einmal das Nicaenum ablehnte und das vierte antiochenische Symbol im Sinne der Beschlüsse von Lampsacus auferstehen ließ. Aber sie hatten so wenig Glück wie die Männer von Tyana. Valens untersagte nach dem Rat des Eudoxius das geplante Konzil zu Tarsus, und die Maßregelungen der Unbotmäßigen gingen ruhig weiter[31]: die Geste des Liberius und seiner abendländischen Kollegen machte auf Eudoxius keinen Eindruck.

Valens hat nach der Niederwerfung des Prokop einen Feldzug gegen die Goten an der unteren Donau unternommen, der „volle drei Jahre" dauerte, also im Sommer 370 zu Ende kam[32]. Dann wandte er sich mit neugestärkter Unternehmungslust dem Osten zu und zog nach Antiochia, um den durch Julians Tod abgebrochenen Perserkrieg wieder aufzunehmen. Bei dieser Gelegenheit gedachte er auch die kirchlichen Dinge in seinem Sinne zu ordnen und schickte zu diesem Zweck seinen Prätorianerpräfekten Modestus voraus. Wie ein Hagelsturm schlugen die Maßregelungen in Bithynien ein, Galatien folgte, dann erschienen die Beamten in Kappadokien[33], wo sie schon früher einmal unverrichteter Sache hatten abziehen müssen[34].

Der alte Bischof Euseb war gestorben und nach langen Verhandlungen an seine Stelle der Presbyter Basilius getreten, der schon jenes Mal die Seele des Widerstandes gewesen war. Modestus und andere Herren vom Hofe, darunter der Küchenchef Demosthenes, bemühten sich um die Wette, den neuen Bischof durch Drohungen und Verheißungen zur Anerkennung der kaiserlichen Kirchenpolitik zu bringen, aber vergebens. Basilius blieb standhaft, auch dem Kaiser selbst gegenüber, der ihn mit Achtung behandelte. Der schon ausgefertigte Verbannungsbefehl wurde nicht unterschrieben und der tapfere Bischof blieb weiterhin unangefochten[35].

---

[31] Sozom. 6, 12, 2—5.
[32] Am. Marc. 27, 5, 6. 7 Themistius or. 10 p. 166, 11 Dind.
[33] Greg. Nyss. c. Eunom. 1, 127 f.
[34] vgl. Greg. Naz. or. 43, 31. 33.
[35] Greg. Naz. or. 43, 44—54. Legendäre Ausschmückung in den

Diese Haltung des Valens bedeutete aber in ihren Folgen viel mehr, als irgend jemand damals ahnen konnte. Denn mit Basilius kam endlich wieder eine geistig überragende, politisch gewandte und mit wirklichen Führereigenschaften begabte Persönlichkeit in den Episkopat des Orients, die sofort die Aufgabe der Zusammenfassung aller verwertbaren Kräfte mit brennendem Eifer erfaßte. Der Neuarianismus des Eunomius entfaltete keine Werbekraft und fand allenthalben Widerspruch. Die theologische Neutralität der Homöer, die zur Zeit amtlich mit allen Mittel gefördert wurde, war durch die Entwicklung der letzten Jahrzehnte überholt und obendrein mit der Verantwortung für eine Fülle von Gewalttaten im Westen und Osten belastet. Die in den Kämpfen der fünfziger Jahre herangewachsene Generation strebte leidenschaftlich nach theologischer Klarheit und lehnte sich gegen die Beschwichtigungsversuche der Offiziösen auf.

In steigendem Maße treten in dieser Zeit Männer aus dem inneren Kleinasien hervor, und gerade Kappadokien begegnet uns immer wieder als Heimatland von Bischöfen auf bedeutenden oder auch umstrittenen Posten. Die beiden Gegenbischöfe des Athanasius, Georg und Gregor, stammen daher, ebenso Auxentius, der 355 von Konstantius in Mailand eingesetzt wurde[36]. Meletius von Antiochia kam aus dem benachbarten Armenien. Und nun trat mit Basilius, seinem Bruder Gregor von Nyssa und seinem Freunde Gregor von Nazianz das große Dreigestirn Kappadokiens in die Kirchengeschichte ein. Diesem Hinterland Kleinasiens, in dem das Volk noch seine ererbten Sprachen redete[37], war das Griechentum mit seiner Kultur und seiner Theologie eine neue Offenbarung, die mit ungebrochener Frische aufgenommen wurde und deshalb auch kräftige Wirkungen auszulösen fähig war. Das Freundespaar Basilius und Gregor sind eindrucksvolle Zeugen für die reine Begeisterung, mit der in ihren

übrigen Quellen vgl. Theodoret KG 4, 18—19 Parmentier S. 242—246, wo die Parallelen angemerkt sind.

[36] Ath. hist. Ar. 75, 1.

[37] K. Holl, Ges. Schriften 2, 238—248.

Kreisen die griechische Antike gepflegt und das Lebenswerk des Origenes gewürdigt wurde. Hier waren die geistigen Kräfte zu einer Weiterbildung der Theologie vorhanden, die notwendig war, um aus allen Wirren der vergangenen Jahre zu einer klaren und einheitlichen Lösung des Trinitätsproblems zu gelangen.

Noch standen die nicaenischen Fronten unversöhnt gegeneinander: auf der einen Seite die ägyptische Partei mit ihren Thesen von 362, die eine Kompromißformel, aber keine theologische Klärung brachten, und die mit der Forderung, auch des Hl. Geistes Homousie anzuerkennen, neue Schwierigkeiten ohne wissenschaftliche Vorarbeit bescherten. Auf der andern waren die Homoiusianer seit der Synode von Ankyra (358) zur Taktik der Anerkennung des Nicaenums fortgeschritten[38] und hatten damit zwar Erfolge im Abendland gehabt, aber nicht die Zustimmung des Athanasius gefunden. Ja, sogar in den Reihen der alten Gesinnungsgenossen regte sich Opposition, wie die karische Synode deutlich bewies.

Nun setzte die Arbeit des Basilius ein, die, an sich schon nicht leicht, durch persönliche Feindschaften wesentlich erschwert wurde. Athanasius war — auch abgesehen von dem natürlichen Gegensatz eines alexandrinischen gegen einen antiochenischen Papst — über Meletius schwer verstimmt, wie schon gesagt worden ist, und redete sogar von unerfüllt gebliebenen Versprechungen[39]. Und Meletius war einst, als man den Eustathius von Sebaste in Armenien absetzte, zum großen Mißfallen der Gemeinde in diese Stelle eingetreten: er hatte sich dort nicht halten können und war deshalb nach Beroea (Aleppo) gezogen, wo er ausharrte, bis man ihn auf den Thronos von Antiochia berief[40]. Aber es ist begreiflich, daß Eustathius diesen Mann bitter haßte, und daß dieses Gefühl sich noch steigerte, als er sich erst einmal der homöischen Hofpolitik des Acacius zur Verfügung stellte[41], dann aber überraschend schnell in die nicaenische Richtung einlenkte und in Antiochia gemeinsam mit Acacius das heiß umstrittene Symbol

[38] S. 3.
[39] Bas. ep. 89, 2.
[40] Tillemont 8, 343.
[41] s. Bd. 3, 269 Philostorgios KG 5, 1 u. Parall.

feierlich proklamierte. Dem gegenüber war Eustathius lange auf dem alten homoiusianischen Standpunkt geblieben und hatte sich erst in äußerster Not zu jener Bußfahrt nach dem Abendland entschlossen, die ihm und seiner Gruppe die Anerkennung des Liberius eintrug; aber daß der Kreis um Meletius und nun vollends Athanasius dieser neuen Rechtgläubigkeit kein rechtes Vertrauen entgegenbrachten, ist nur zu begreiflich. In Ägypten forderte man seit der Synode von 362 auch das Bekenntnis zur Homousie des Hl. Geistes, und gerade dagegen wehrten sich die „Pneumatomachen", nämlich die alten Homoiusianer und besonders Eustathius, mit aller Kraft, während Meletius und seine Freunde um 370 auch in diesem Punkte nachgegeben hatten[42].

Basilius hat sich tapfer an das Werk der Einigung herangewagt. Es war ihm klar, daß die persönlichen und sachlichen Gegensätze nur überwunden werden konnten, wenn sie aus der engen Sphäre der örtlichen Kirchenpolitik herausgehoben und unter gesamtkirchliche Gesichtspunkte gestellt wurden. Darum wünschte er das Abendland hereinzuziehen, aber nicht in der 366 von Eustathius und Genossen beliebten Weise, die nur eine praktisch bedeutungslose Sonderaktion einer einzelnen Gruppe gewesen war. Er wollte erreichen, daß eine bevollmächtigte Gesandtschaft occidentalischer Kirchenmänner von Rom aus nach dem Osten geschickt würde und hier mit unbefangenem Blick die sachlich notwendigen Entscheidungen träfe. Und er vertraute darauf, daß einer so gewichtigen Autorität gelingen würde, was der Osten aus eigener Kraft nicht bewirken konnte. Er wußte auch, daß Athanasius die gegebene Persönlichkeit war, um den römischen Bischof zu einem solchen Schritt zu bewegen: einmal durch seine gute Bekanntschaft mit den Römern und zweitens durch die traditionelle Verbindung seines Thrones mit dem der alten Reichshauptstadt.

So schrieb er denn in den schmeichelhaftesten Ausdrücken an den Alten in Alexandria und bat ihn, er möge sein Lebenswerk durch eine große Befriedungsaktion krönen. Es sei zweckmäßig, wenn er von sich aus einige seiner bewährten Leute ins

[42] Epiphan. haer. 73, 34, 2—5.

Abendland schicke und dort um eine Hilfsgesandtschaft vorstellig werde, zunächst aber seine Autorität einsetze, um in Antiochia die Einheit unter den drei nicaenisch gesinnten Parteien herzustellen. Indessen — Athanasius war auf diesem Ohr schwerhörig und entsandte niemand nach Rom, sondern einen seiner Kleriker namens Petrus — doch wohl denselben, der später sein Nachfolger geworden ist — zu Basilius. Dieser wich ein Stück zurück und schickte nun seinerseits den antiochenischen Diakon Dorotheus nach Alexandria mit Briefen für Rom, denen Athanasius nur eine Befürwortung beizugeben gebeten wurde. Und nun rückte Basilius auch deutlich mit der Sprache heraus: in Antiochia solle natürlich Meletius als Bischof anerkannt werden, dem sich die Häupter der kleinen Splittergruppen[43] nach einer angemessenen Übereinkunft unterordnen müßten. Übrigens sei ja Meletius als rechtgläubig von den Abendländern anerkannt, wie das Schreiben der Silvanusgesandtschaft bezeuge[44]. Das genügte dem ägyptischen Hierarchen, um die ganze Aktion abzulehnen. Für ihn war das Splitterhaupt Paulinus der einzige rechtmäßige Bischof von Antiochia, und Meletius ein verhaßter Mann. Dorotheus bekam keine Empfehlungsbriefe und keine Fahrgelegenheit nach Rom. Meletius hatte das wohl vorausgesehen und von vornherein kein Vertrauen zu dem Plan des Basilius gefaßt, trotzdem dieser den Dorotheus mit einem dringlichen Brief[45] an ihn geschickt hatte. Basilius ließ sich nicht entmutigen. Er schrieb wieder und wieder an Athanasius und bat ihn, er möge doch durch einen an ihn, Basilius, als Treuhänder gerichteten Brief den ersten Schritt zur Versöhnung mit den „im Glauben Gesunden", gemeint ist natürlich der Kreis um Meletius, tun[46]. Athanasius blieb stumm, und als bald danach Basilius an Meletius die Bitte richtete, er möge seine verletzende Zurückhaltung aufgeben und dem Alexandriner die Hand entgegenstrecken[47], ist der Erfolg auch nicht besser.

---

[43] s. Bd. 3, 270 f.

[44] Basil. ep. 66. 69. 67, dazu die Entwürfe ep. 70. 242.

[45] Bas. ep. 68.

[46] Bas. ep. 80. 82.

[47] Bas. ep. 89.

Inzwischen war Rom sowohl von Oberitalien als von Ägypten aus mehrfach gemahnt worden, gegen die noch vorhandenen Reste des „Arianismus“, d. h. gegen die Männer von Rimini, vorzugehen. Zuerst wurden Ursacius von Singidunum (Belgrad) und Valens von Mursa (Eszeg) durch Papst Damasus auf einer römischen Synode verdammt, dann nach erneuter Mahnung[48] auch Auxentius von Mailand. Da dieser letzte Urteilsspruch von einer Synode gefällt wurde, die im Jahre 372 auf Anordnung Valentinians zusammengetreten war, so kommt ihrem Beschluß programmatische Bedeutung für die kaiserliche Religionspolitik zu — wenigstens was die theologische Richtung angeht. Zu Exekutionen nach der Art seines Bruders war Valentinian weniger geneigt, und der verdammte und für abgesetzt erklärte Auxentius ist ruhig in seiner Stellung verblieben und in ihrem Besitz auch im Jahre 374 gestorben. Den orientalischen Abgesandten war seinerzeit ihre Rechtgläubigkeit auf Grund ihrer Anerkennung des Nicaenums bescheinigt worden[49]. Das wird Athanasius mißbilligt haben, denn seine Synode von 362 forderte darüber hinaus Anerkennung der Homousie des Hl. Geistes. Jetzt benutzte die römische Synode des Damasus die Gelegenheit der Verurteilung des Auxentius und der Beschlüsse von Rimini, um auch den Orientalen die Homousie der ganzen Dreieinigkeit als den Sinn des Nicaenums zu bezeugen. Wer das nicht anerkenne, sei ihrer Gemeinschaft fremd[50].

Das Schreiben wurde durch den Mailänder Diakon Sabinus dem Athanasius überbracht, der den Boten gleich an Basilius weiterschickte[51]. Und nun eröffnete sich für diesen eine neue Möglichkeit, seinen Lieblingsplan zu verwirklichen. Diesmal tat Meletius mit, weil sich der Umweg über Alexandria vermeiden ließ, den Basilius auch diesmal anempfahl[52]. Er setzte im Namen

---

48 Athan. ep. ad Afros 10, 3.

49 s. S. 7.

50 Damasus' Schreiben „Confidimus“ Coustant epist. pont. p. 487, jetzt bei Schwartz ZNW 1936, 19 vgl. 1935, 179 A. 120.

51 Bas. ep. 90, 1.

52 vgl. Bas. ep. 89.

von 32 Bischöfen ein Schreiben an die Amtsgenossen in Italien und Gallien auf, das in Anlehnung an den früheren Entwurf des Basilius die Notlage des Ostens schilderte und um Entsendung einer möglichst zahlreichen Kommission bat, welche die getrennten Gleichgesinnten unter dem Zeichen des Nicaenums einigen solle. Das Synodalschreiben des Damasus wird mit Zustimmung begrüßt[53]. Basilius selber schrieb auch im eigenen Namen und fügte ein Schreiben an Valerian von Aquileia bei[54], und so reiste denn Sabinus mit seiner bedeutungsvollen Sendung wieder nach Westen: das ist wohl gegen Ostern 373 gewesen.

Große Hoffnungen begleiteten ihn — sie wurden schwer betrogen. Rom bezog nun einmal seine Informationen über den Osten aus Alexandria: und dort hatte sich die Stimmung gegen Meletius und seinen Anhang womöglich noch verschlechtert. Athanasius war am 3. Mai 373 gestorben, nachdem er noch auf seinem Totenbett den Presbyter Petrus zu seinem Nachfolger geweiht hatte[55]. Nun griff aber auch die andere Seite zu. Euzoius von Antiochia setzte sich mit dem in seiner Stadt residierenden Hof in Verbindung und reiste mit dem Finanzminister Magnus nach Alexandria. Sie überbrachten dem Präfekten von Ägypten ein kaiserliches Schreiben, welches die Einsetzung des Arianerbischofs Lucius[56] anordnete und nötigenfalls zur Anwendung von Waffengewalt ermächtigte. Petrus floh nach Rom[57], und seine Abneigung gegen Meletius und sein Mißtrauen gegen Basilius waren für die Entscheidungen des Damasus maßgebend. Ein seit zehn Jahren in Italien weilender antiochenischer Priester namens Euagrius, der jetzt in die Heimat zurückkehren wollte, wurde zum römischen Boten ausersehen. Er brachte dem Basilius die dem Sabinus mitgegebenen Briefe als nicht annehmbar wieder zurück und legte ihm ein zu Rom im Wortlaut aufgesetztes Schreiben zur Unterzeichnung vor, das danach durch eine Deputation angesehener Orientalen nach Rom überbracht werden

[53] Bas. ep. 92, der Entwurf ep. 242 vgl. Lietzmann, Apollinaris 52.
[54] Bas. ep. 90. 91.
[55] hist. aceph. 19.
[56] s. S. 6 u. Bd. 3, 268.
[57] Socr. 4, 21. 22 Sozom. 6, 19.

solle: das werde dann ein anständiger Anlaß zu einem Gegenbesuch sein können[58]. Der Bote kehrte nach Antiochia zurück und verweigerte dort trotz seiner dem Basilius mündlich zum Ausdruck gebrachten Friedensliebe seinem Vertrauensmann Dorotheus als einem Diakon des Meletius die Kirchengemeinschaft. Da trafen denn zwei Briefe des Basilius in Antiochia ein, die dieser Aktion ein Ende machten. Der erste ging an die Gemeinde und stellte noch einmal das Nicaenum mit angefügter Klausel über den Hl. Geist als alleingültige und ausreichende Bekenntnisgrundlage fest. Von anderen — will sagen Rom — aufgesetzte Formeln werden abgelehnt[59]. Und Euagrius bekommt eine mit spitziger Höflichkeit formulierte Absage an alle römischen Forderungen und eine Rüge wegen seines unfriedlichen Verhaltens gegen Dorotheus[60]. Es war dem Basilius klar geworden, daß Damasus unter dem Einfluß des Petrus stand und keine Einigung des Ostens wollte.

Aber Basilius war zäh und ließ sich auch durch die schnödesten Unfreundlichkeiten nicht von der Verfolgung seines Zieles abschrecken. Als im Frühjahr 374 des Basilius Freund Euseb von Samosata verhaftet und nach Thrakien verbannt war, schrieb er aufs neue an „die Bischöfe von Gallien und Italien", stellte die Notlage eindringlich dar und wiederholte seine Bitte, sie möchten bei Valentinian ein diplomatisches Eingreifen anregen oder, wenn das untunlich sei, eine Hilfsgesandtschaft schicken[61]. Der inzwischen zum Priester geweihte Dorotheus überbrachte das Schreiben nach Rom und nahm von dort eine Antwort mit, von der uns das Hauptstück erhalten ist[62]. Von Hilfeleistung nur das kümmerliche Wort, man habe sich darum bemüht, wie Dorotheus bestätigen werde; dafür reichlich dogmatische Erörterungen: über eine „Usia" und drei „Personen" in der Trinität — wobei das Wort „drei Hypostasen", zu denen sich Meletius bekannte, absichtlich vermieden wird —, Bekenntnis zur vollständigen

[58] vgl. Bas. ep. 138, 2.
[59] Bas. ep. 140.
[60] Bas. ep. 156.
[61] Bas. ep. 243.
[62] Fragment „Ea gratia" Coustant p. 495 Schwartz ZNW 1936, 20.

Menschheit des Gottessohnes und Homousie des Hl. Geistes. Es war deutlich, daß man jetzt in Rom die Meletiusleute wegen ihrer Lehre von drei Hypostasen wieder als irrgläubig ansah, und daß also Petrus den weitherzigen Standpunkt der Synode von 362 praktisch verleugnete. Und wenn dann weiter in dem Schreiben ganz unvermutet der Satz auftauchte, man möge doch bei Bischofs- und Priesterweihen die kanonische Ordnung nicht außer acht lassen und Vergehen auf diesem Gebiet nicht leichtnehmen, so war dem Leser sofort klar, daß diese Wendung eine weitere Ablehnung des Meletius bedeutete. Denn dieser hatte gegen die altkirchliche und in Nicaea aufs neue bestätigte Sitte[63] sein erstes Bistum Sebaste mit dem von Antiochia vertauscht. Solche Übergänge waren zwar im Laufe der Zeit üblich geworden, und das Gegenteil hätte ja den Aufstieg eines bewährten Bischofs auf einen bedeutenderen Posten unmöglich gemacht, aber die in den Kanones festgelegte Rechtslage blieb unverändert und bot im kirchenpolitischen Ränkespiel jedem Gegner eine wirksame Waffe gegen einen auf die bezeichnete Weise zur Macht gelangten Bischof: und es wurde oft und gern von ihr Gebrauch gemacht. So auch hier gegen Meletius. Also war auch dieser dritte Versuch des Basilius gescheitert.

Und trotz allem schrieb er drei Jahre später (377) wiederum im gleichen Sinne nach Rom: aber da war die Lage erheblich verändert. Die Apollinaristen in Antiochia[64] hatten sich inzwischen wirklich von der Gemeinde des Meletius abgesondert und ihr geistiges Haupt Vitalis zum Bischof weihen lassen. Der Meister selbst war um 373/374 in Antiochia erschienen und hatte theologische Vorlesungen gehalten. Aber bei einem Besuch des Epiphanius von Cypern war es zu Disputen gekommen, welche die Bedenklichkeit der apollinaristischen Inkarnationslehre enthüllten und damit die Rechtgläubigkeit des Vitalis in Zweifel stellten[65]. Da griff dieser im Jahre 375 zu dem zeitgemäßen Mittel einer Romreise und kehrte beglückt mit einem Brief des

---

[63] can. Nic. 15, can. Ant. 21, can. Apost. 14.
[64] Bd. 3, 271. 274.
[65] Epiph. haer. 77, 20—24. Lietzmann Apollinaris 1, 16 ff.

Damasus heim, der ihn als rechtgläubig anerkannte und ihn für weitere Verhandlungen dem Paulinus empfahl. Aber gleich danach muß der römische Papst genauere Aufklärung über die apollinaristische Lehre erhalten haben, denn er jagte hinter jenem ersten ein zweites Schreiben[66] her, in welchem Paulinus angewiesen wurde, von Vitalis zu verlangen, daß er das Nicaenum unterzeichne und ein Bekenntnis hinzufüge, daß der Gottessohn menschlichen Leib, Seele und Geist gehabt habe und nicht etwa der göttliche Logos an die Stelle des menschlichen Geistes getreten sei. Das konnte Vitalis nicht zugeben und mußte auf die Vereinigung mit Paulinus verzichten. Aber die erste Epistel des Damasus hat er als Anerkennung seiner Rechtgläubigkeit fleißig ausgewertet[67]. Paulinus hatte besseren Grund zu triumphieren, denn diese päpstlichen Zuschriften bestätigten nicht nur seine den übrigen Orientalen keineswegs unzweifelhafte Orthodoxie, sondern auch den wichtigen Umstand, daß er der alleinige von Rom anerkannte Bischof von Antiochia war. Er säumte denn auch nicht, dies dem eben wieder neu mit seinem Amt beauftragten Comes Orientis Terentius zur Kenntnis zu bringen und wünschte dementsprechend, daß ihm die hirtenlose Gemeinde des verbannten Meletius unterstellt würde: Und auf die hohe Exzellenz machte das wirklich Eindruck, so daß Basilius, der alle seine Pläne bedroht sah, diesen ihm zum Glück wohl bekannten Herrn eindringlich vor dem „Sabellianer“ Paulinus warnen und ihn über die theologische Streitfrage, den Unterschied von Usia und Hypostasis, unterrichten mußte[68].

Dorotheus, der antiochenische Vertrauensmann des Basilius, machte sich trotz der von seinem Meister geäußerten Bedenken im Frühjahr 377 wiederum auf die Reise nach Rom. Diesmal im direktem Auftrag des verbannten Euseb von Samosata und in Begleitung eines uns sonst unbekannten Sanctissimus, der im Orient ohne amtlichen Auftrag bei den Bischöfen herumgereist und auch von Basilius als Bote verwendet war[69]. Aber auch dieser

---

[66] Damasus epist. „per filium“ Coustant p. 507.
[67] Greg. Naz. epist. 102 (2, 94 c). [68] Bas. ep. 214 vgl. 215. 216.
[69] Bas. ep. 239, 2 vgl. ep. 120. 121. 129, 3. 132. 254. 255.

Reise blieb der Erfolg versagt. Wieder stand Petrus der Alexandriner einer Verständigung hindernd im Wege, und es kam im Beisein des Damasus zu einer heftigen Auseinandersetzung, in der Petrus den Samosatener Euseb so gut wie den Meletius als arianische Ketzer bezeichnete und sich dafür von Dorotheus erhebliche Unfreundlichkeiten sagen lassen mußte[70]. Die beiden Boten bekam eine Antwort eingehändigt, aus der Basilius zwar höflich behauptet Trost geschöpft zu haben[71], nur daß man nicht erkennt, worin er bestanden haben soll. Vielleicht war darin sogar eine ziemlich spitzige Bemerkung zu lesen über Duldung der apollinaristischen Irrlehre seitens der Orientalen[72].

Jetzt entschloß sich Basilius, aus seiner in allgemeine Wendungen eingehüllten Zurückhaltung hervorzutreten und die Forderungen des Ostens klar anzumelden. In dem neuen, durch Dorotheus und Sanctissimus wohl noch im Frühling 377 nach Rom beförderten Synodalschreiben[73] werden die Abendländer gebeten, wenn sie schon nicht persönlich kommen könnten, dann doch wenigstens schriftlich positive Hilfe zu leisten, indem sie auf einer repräsentativen Synode die Störenfriede des Ostens mit Nennung der Namen als solche kenntlich machten und verurteilten. Denn die Hauptgefahr bildeten nicht sowohl die von allen abgelehnten Arianer, als vielmehr die aus den Reihen der Orthodoxen hervorgegangenen Wölfe im Schafskleide: Eustathios von Sebaste mit seiner Ablehnung der Homousie des Hl. Geistes, Apollinaris von Laodicea mit seiner Inkarnationslehre und mancherlei anderen philosophischen Spekulationen und judaisierenden Lehren, und Paulinus von Antiochia, der seine Neigung zur Irrlehre des kürzlich verstorbenen Marcell von Ankyra gerade wieder durch Anerkennung seiner galatischen Gemeinde bekundet habe.

---

[70] Bas. ep. 266, 2.

[71] Bas. ep. 263, 1.

[72] Wenn das Fragment „illud sane“ (Coustant p. 498 Schwartz ZNW 1936, 21 Nr. 3 vgl. ZNW 1935, 186 Nr. 138) aus dieser Antwort stammt. Am Anfang ist „vestros“ zu lesen.

[73] Bas. ep. 263.

Schwerlich wird Basilius im Zweifel darüber gewesen sein, daß der Westen seine Wünsche ablehnen würde: mindestens solange Petrus das Ohr des Damasus hatte, war das Ansehen des Paulinus in Rom unerschütterlich, zumal dieser selbe Petrus auch an dem Schicksal jener galatischen Gemeinden tätige Anteilnahme bewiesen hatte[74]. Es kam denn auch bei der ganzen Aktion nichts heraus, was den Wünschen des Basilius entsprochen hätte. Eine Synode fand allerdings in Rom statt, und sie traf auch Entscheidungen[75] in den Lehrfragen, die den Orient bewegten, Entscheidungen, die durchaus im Sinne des Basilius waren. Aber gerade in den Personalfragen, auf die es diesem in erster Linie ankam, versagten die Römer völlig, ja mehr als das. Obwohl die von Basilius angeführten Irrlehren — und noch viele andere — feierlich mit dem Anathem belegt werden, wird keiner der im Osten umstrittenen Namen genannt. Dafür findet sich eine Bemerkung kirchenrechtlicher Art, welche die Gemeinschaft mit Leuten ablehnt, die von einer Kirche zu einer anderen übergegangen sind — also mit Meletius. Solche Leute sollen in ihren früheren Amtsort zurückkehren und, falls sie dort seinerzeit an Stelle eines noch Lebenden ordiniert waren, ruhig abwarten, bis ihr Vorgänger stirbt, ehe sie bischöfliche Funktionen ausüben. Auch das war ganz auf den Fall Meletius zugeschnitten und verlangte nichts geringeres als die Rückkehr des Meletius nach Sebaste und seine Unterstellung unter eben den Eustathius, dessen Verdammung Basilius erbeten hatte. Und wenn dann in einem nebengehenden Schreiben Basilius noch versichert wurde, daß man leider keine Möglichkeit habe, den Orientalen auch nur die geringste Hilfe zu bringen, so wurde damit die Ablehnung seiner Wünsche nur noch vervollständigt. Damasus hielt eisern an der traditionellen Politik der Zusammenarbeit mit Alexandria fest und überließ den Orient seinem Schicksal. Und deutlich wird zugleich, daß er den Morgenländern nicht gestatten wollte, auf

[74] Bas. ep. 266, 1.

[75] Das Synodalschreiben bei Turner Mon. 1, 283—294: dazu Schwartz ZNW 1935, 189—192. Ferner des Damasus Schreiben „non nobis" ZNW 1936, 22 f. Coustant p. 499.

gleichem Fuß mit ihm zu verhandeln: das erklärt die verletzende Form, in welche die Ablehnungen gekleidet sind.

Dem Basilius haben die verschiedenen Bittgänge schwerste Überwindung gekostet, und er findet bittere Worte über die durch seine Höflichkeit noch gesteigerte Überheblichkeit des abendländischen Stirnrunzelns[76]. Und dabei war sein letztes Schreiben an Damasus an sich schon das Ergebnis von viel schmerzlichem Erleben. Eustathius[77] ist dem Basilius in den sechziger Jahren ein hochverehrter Freund und Führer zum asketischen Lebensideal gewesen, und erst als die Differenzen in der Theologie des Hl. Geistes sich zu kirchenpolitischen Gegensätzen entwickelten und Eustathius durch indiskrete Publikationen öffentlich seinen ehemaligen Freund angriff, kam es zur völligen Trennung. Die Briefe des Basilius spiegeln den Zorn des Gekränkten wider, und die vor Damasus gebrachte Anklage des Eustathius wegen Ketzerei ist die amtliche Bekundung des unheilbaren Bruches. Auch Apollinaris war früher dem Basilius als eine achtbare Persönlichkeit erschienen, und die neue Inkarnationslehre hatte ihn wenig gekümmert. Als aber in den siebziger Jahren eine kräftige Propaganda der Apollinaristen einsetzte und ihr selbstbewußtes Auftreten, die Einsetzung eigener Bischöfe und die Verketzerung Andersdenkender die ohnehin schon fragliche Einheit der Kirche noch stärker gefährdete, konnte er dem unermüdlichen Vorkämpfer für Frieden und Versöhnlichkeit nur als Schädling gelten[78]. Daß Paulinus als Bischof von Antiochia in Alexandria und Rom anerkannt wurde, war das schwerste Hemmnis für die erstrebte Einigung des Orients unter Meletius. So wird es dem Basilius nicht unerwünscht gewesen sein, als die der Ketzerei mehr als verdächtige Gemeinde des Marcell von Ankyra so schnell die Anerkennung des Paulinus gewann: wobei elf ägyptische Bischöfe, die wegen ihrer Opposition gegen den alexandrinischen Arianerbischof Lucius nach dem palaestinensischen Diocaesarea (Sefurieh bei Nazareth) verbannt waren, wir-

---

[76] Bas. ep. 239, 2.

[77] F. Loofs, Eustathius von Sebaste 1898, S. 68 ff.

[78] Lietzmann, Apollinaris 1, 20—24.

kungsvolle Hilfsstellung leisteten[79]. Das gab zwar allerlei Ärger, bot aber doch auch die Möglichkeit, den Paulinus der Hinneigung zu der Irrlehre des Marcell zu beschuldigen und ihn so von der theologischen Seite aus zu bedrohen. Aber was half das alles? Rom blieb unbeugsam und Alexandria halsstarrig und Paulinus fühlte sich unangreifbar. Basilius hatte vergeblich um die Palme des Friedens auf dieser Welt gerungen, er fand sie erst jenseits des Grabes: am 1. Januar 379 ist er gestorben — kurz vor dem Siege seiner Sache.

Die Weltgeschichte war inzwischen weitergegangen und hatte sich um den Streit und die Sorgen der Kirchenmänner nicht gekümmert. Es gab Gewichtigeres zu tun: die Völkerwanderung hob an. Seit dem Sieg Konstantins[80] vom Jahre 332 waren die jenseits der Donau angesiedelten Goten den Friedensbedingungen entsprechend in ein freundliches Verhältnis zum römischen Reich getreten und leisteten ihm als Grenzschutz und Hilfstruppe erwünschte Dienste. Das Christentum hatte schon vor dieser Zeit bei ihnen Eingang gefunden — wir werden in anderem Zusammenhang davon zu reden haben — und wurde von manchen Seiten mit Mißtrauen betrachtet, schon weil es aus dem Römerreich kam. Bereits 348 verfolgte der „Richter" der Westgoten, Athanarich, die Christen seines Volkes und zwang ihren Bischof Wulfila, mit seinen Leuten über die Donau zu fliehen und sich unter römischen Schutz zu stellen. Sie wurden in der Gegend zwischen Svistov und Trnovo im heutigen Bulgarien[81] angesiedelt.

Der zum mindesten nicht notwendige Gotenkrieg des Valens[82] machte dem mehr als dreißigjährigen Frieden ein Ende und gab dem völkischen Haßempfinden neue Nahrung. Die Spannung erzeugte zunächst einen wilden Ausbruch von Verfolgungswut gegen die christlich gewordenen Goten in Athanarichs Herrschaftsgebiet, löste aber auch einen unerwarteten Widerstand

[79] Bas. ep. 265, 3 Facundus pro def. trium cap. 4, 2.

[80] Bd. 3, 126. Für das Folgende vgl. Seeck, Untergang 5, 84—121 mit den Quellennachweisen S. 461—477.

[81] Jordanes Getica 267 vgl. Philostorg. 2, 5 p. 18, 10 Parm.

[82] s. S. 8.

aus. Frithigern wurde der Führer des unterdrückten Volksteils und erkämpfte ihm im Bund mit den Römern die Unabhängigkeit von Athanarich. Aber Ruhe trat auch jetzt noch nicht ein. Aus der Uralgegend stieß das mongolische Reitervolk der Hunnen nach Westen vor, überwältigte die den Sarmaten stammverwandten Alanen und drückte die Ostgoten, soweit sie sich nicht unterwarfen, nach Bessarabien hinein. Jetzt traf ihr Stoß die Westgoten und riß sie auseinander. Athanarich wich nach Siebenbürgen aus, während der größte Teil des Volkes unter Frithigern an der Donau erschien und Aufnahme ins römische Reichsgebiet begehrte: sie wünschten in Thrakien, also dem östlichen Bulgarien, angesiedelt zu werden.

Der in Antiochia weilende Valens war gern damit einverstanden, sich eine so kampfkräftige germanische Schutzwache vor seine Reichshauptstadt zu legen und gab die entsprechenden Befehle. Aber die im südlichen Donauraum an der Spitze der Militärverwaltung stehenden Generäle verzögerten die Ausführung und nutzten die Notlage der hungernden Goten zur eigenen Bereicherung solange aus, bis diese von Haus aus gutmütigen und gutwilligen Menschen in Verzweiflung gerieten. Zu allem übrigen erschienen jetzt auch Ostgoten an der Donau und erzwangen den Übergang. Eine letzte Heimtücke des Comes Lupicinus führte die Explosion herbei. Frithigern eröffnete Anfang 377 den Volkskrieg, schlug die Truppen des Lupicinus und verhängte eine wilde Plünderung über Thrakien. Zwar gelang es dem von Valens nachgesandten Heer, die Goten über das Balkangebirge gegen die Donaumündung zu drängen und danach wenigstens die Balkanpässe zu sichern. Aber Frithigern griff jetzt zum äußersten Mittel, verhandelte mit den Hunnen und Alanen und schickte deren wilde Reiterhorden den Römern in den Rücken. Die Pässe mußten geräumt werden und gelangten wieder in gotischen Besitz. Über Thrakien ergoß sich aufs neue eine Überschwemmung plündernder Massen. Die Donaugrenze des römischen Reiches war endgültig durchbrochen, und durch die Bresche flutete die Völkerwanderung herein.

Länger als ein Jahr hatte der Kampf in Thrakien gedauert und sich immer ungünstiger für das Reich entwickelt: es war hohe Zeit, daß Valens alle seine Macht zur Abwehr zusammenfaßte. Jetzt erkannte er auch die Bedeutung kirchlichen Friedens und hob gegen Ende 377 die gegen opponierende Geistliche verhängten Strafen auf[83]. Im Mai 378 rückte er mit dem Heere des Orients, das bisher gegen die Perser gekämpft hatte, in Konstantinopel ein. Mit Gratian, dem jugendlichen Sohn und Nachfolger des 375 gestorbenen Valentinian, war um Hilfe verhandelt worden und dieser hatte sie bereitwillig zugesagt: zuerst verzögerten Kämpfe am Rhein den Abmarsch der versprochenen Truppen, aber im Sommer rückten sie doch heran. Inzwischen gelang es aber dem Geschick des Frithigern, den ungeduldig gewordenen Valens am 9. August 378 bei Nike[84] in der Nähe von Adrianopel zum Angriff auf seine durch Ostgoten und Alanen verstärkten Westgoten zu verleiten. Die Römer wurden vollständig geschlagen und zerstreut, die beiden kommandierenden Generäle fielen und Valens wurde durch einen Pfeilschuß tödlich getroffen: seine Leiche hat man nirgends gefunden.

---

[83] Rufin KG 11, 13 Hieron. Chron. Ol. 289, 2 Chron. Edessen. 33 Socr. KG 4, 38.

[84] s. Bd. 3, 227.

2. Theodosius I. und das Ende des arianischen Streites

Auf die Kunde von der schweren Niederlage und dem Tode des kaiserlichen Oheims stellte Gratian seinen Vormarsch ein und begab sich nach Sirmium (Mitrovitza westlich von Belgrad): hier hat er sich den Herbst und Winter hindurch bis gegen den März des nächsten Jahres aufgehalten und nach Kräften dem drohenden Unheil zu wehren gesucht. Der Höchstkommandierende im Orient wollte auch etwas tun und ließ an einem Tage alle in orientalischen Truppenteilen dienenden Goten ermorden. Das schwächte die Schlagkraft des Heeres erheblich; den freien Goten war es ganz gleichgültig. Gratian sah sofort ein, daß er selbst hier nicht weiter eingreifen könne, ohne die seinem Reichsteil an anderen Stellen drohenden Gefahren zu vernachlässigen. So berief er den als Truppenführer bereits glänzend bewährten jungen Theodosius ins Hoflager, ernannte ihn zum Generaloberst und überwies ihm eine militärische Aufgabe im Raum südlich der Donau, die er mit bestem Erfolg löste. Nach dieser Probe machte er ihn am 19. Januar 379 zum Augustus des Ostens und gab ihm auch die nötigen Vollmachten zur selbständigen Kriegführung in den zum Westreich gehörenden Teilen der Balkanhalbinsel.

Theodosius war Spanier von Geburt, und sein gleichnamiger Vater[1] hatte als General in Britannien und Afrika erfolgreich gekämpft und bei Valentinian in höchsten Ansehen gestanden, bis er höfischen Ränken zum Opfer fiel und Anfang 376 in Karthago hingerichtet wurde. Da hatte auch der Sohn seinen Abschied genommen und sich auf sein väterliches Besitztum in Spanien begeben. Jetzt kehrte er mit 33 Jahren wieder in die Welt der Geschichte zurück. Er fand eine ungeheuer schwere, eigentlich unlösbare Aufgabe vor. Die Donaugrenze war nicht mehr herzustellen: dies Einfallstor der Völkerwanderung blieb offen. Aber man konnte den Versuch machen, die Goten im

[1] Pauly-Wissowa-Kroll II 5, 1937 Nr. 9.

Donauraum anzusiedeln und durch günstige Verträge als Schutztruppe in den Dienst des Reiches zu stellen[2]. Und diesen Weg hat Theodosius mit einigem Erfolg beschritten. Sodann konnte in weiterer Verfolgung des schon seit Konstantin in großem Ausmaß eingeschlagenen Weges durch Anwerbung die überschüssige Kraft der Barbaren für den Ausbau des römischen Heeres nutzbar gemacht werden: und auch das ist in überreichem Maße geschehen. Besonders Ägypten ist um diese Zeit voll von germanischen und sarmatischen Truppenkörpern, während andererseits zuverlässige ägyptische Truppen an die Donau versetzt werden[3]. Mit den eingedrungenen Goten des Frithigern, die sogar bis ins mittlere Griechenland vorstießen, wurde verhandelt und endlich im Oktober 382 ein Bündnis abgeschlossen. Athanarich hatte sich schon im Januar 381 nach Konstantinopel begeben; er war freilich noch im gleichen Monat gestorben, aber seine mit aller Pracht römischer Sitte ausgeführte Beisetzung[4] gab den politischen Wünschen des Kaisers anschaulichen Ausdruck.

Es kam zu dem Erfolg, der unter den obwaltenden Umständen allein noch möglich war. Die große Völkerwanderung wurde für ein letztes Mal auf 13 Jahre, nämlich bis zum Tode des Theodosius, abgestoppt: und man darf urteilen, daß der Kaiser und die Bewohner des Ostreiches diese Frist nicht schlecht ausgenutzt haben. Schon Gratians erste Sorge nach der Katastrophe des Valens war die Kirche gewesen. Er wußte, wie schwer die Hand seines Oheims auf der östlichen Christenheit gelegen hatte, und erließ deshalb noch vor der Erhebung des Theodosius von Sirmium aus ein Gesetz, das allen verbannten Bischöfen die Heimkehr erlaubte und volle Kulturfreiheit verkündete, von der nur die Manichäer und die Parteigänger des Photin[5] und des Eunomius[6], also Sabellianer und Arianer, ausgenommen sein sollten[7].

---

[2] Mommsen. Ges. Schriften 6, 227—230.

[3] Zosim. 4, 30. Belege bei Seeck, Untergang 5, 482 f. Mommsen, Ges. Schriften 6, 281 f.

[4] Am. Marc. 27, 5, 10 Zosim. 4, 34, 5.

[5] Bd. 3, 205 f. [6] Bd. 3, 218 f.

[7] Socr. 5, 2, 1 Sozom. 7, 1, 3 vgl. Cod. Theod. 16, 5, 5 Z. 11 Mommsen.

Damit waren aber die Spannungen innerhalb der Ostkirche nicht beseitigt, sondern legitimiert, was sich denn auch sofort in synodalen Kundgebungen zeigte[8]. Das durfte nicht sein, wenn anders der Gedanke einer einheitlichen Staatskirche, der im Westen verwirklicht war — wenn man von den Donatisten in Afrika absieht —, auch im Osten Gestalt gewinnen sollte. Und dies lag allerdings im Interesse des Staates nicht minder wie der Kirche. Basilius hatte erkannt, daß die Kirchen des Orients aus eigener Kraft diese Einheit nicht gewinnen konnten, und sich deshalb an den Westen um Hilfe gewendet. Sein Bemühen war vergeblich gewesen. Jetzt brachte Theodosius die erlösende Tat, und zwar von Gesichtspunkten aus, die sich mit denen des Basilius nahe berührten. Er verordnete[9] wohl schon am 28. Februar 380, daß alle seine Untertanen sich zu der vom Apostel Petrus den Römern gepredigten Religion halten sollen, so wie sie Papst Damasus und Bischof Petrus von Alexandria bekennen, d. h. daß wir eine Gottheit und gleiche Majestät in der Dreiheit von Vater, Sohn und heiligem Geist glauben. Alle Andersgläubigen werden als Häretiker gebrandmarkt und ihnen außer der göttlichen Strafe noch staatliche Maßregelung angedroht. Seit der Romreise des Eustathius[10] hatte sich der Orient daran gewöhnt, im römischen Bischof den unparteiischen und autoritativen Glaubensrichter zu sehen, und Theodosius konnte bei der Nennung des Damasus auf Zustimmung rechnen. Er sah das Kirchenproblem mit den Augen des Abendländers an, für den Nicaenum und apostolische Autorität Roms Selbstverständlichkeiten waren. Er sah aber auch den Orient durch die römische Brille, wenn er den ärgsten Quertreiber gegen alle Einigungsbestrebungen, den Bischof Petrus, als zweiten Glaubenszeugen nannte. Denn der schon während des Gotenkrieges mit einem Anerkennungsschrei-

---

[8] s. S. 49 f.

[9] Cod. Theod. 16, 1, 2 Sozom. 7, 4, 5, 6. Zum Datum abweichend Schwartz ZNW 1935, 196.

[10] s. S. 6 f.

ben des Damasus heimgekehrte Alexandriner[11] war zu kräftiger Weiterführung seiner Sonderpolitik entschlossen.

Hier drohte eine ernste Gefahr. Sie ist durch das schnelle und kluge Zugreifen des Meletius im Keime erstickt worden. Diesem war durch Gratians Toleranzedikt die Heimkehr nach Antiochia ermöglicht, und die große Gemeinde hatte sich sofort seiner Leitung unterstellt. Der kaiserliche Kommissar Sapor, der mit der Überwachung der kirchlichen Dinge betraut war, erkannte ihn als den legitimen Bischof an, und so blieb dem Paulinus nichts anderes übrig, als den ihm von Meletius dargebotenen Vergleich anzunehmen und als Gemeindepfarrer mit Bischofstitel seiner Personalgemeinde vorzustehen, den andern aber als Inhaber des hauptstädtischen Thronos anzuerkennen. Durch Vermittlung Roms versuchte er, wenigstens den Anspruch auf die Nachfolge sich für den Todesfall des Meletius zu sichern[12]. Dieser war aber einstweilen noch sehr lebendig und nahm die Führung der kirchlichen Geschäfte nicht nur für Antiochia, sondern für den ganzen Osten sofort in die Hände. Nach Antiochia berief er schon im Herbst 379 eine von 153 Bischöfen besuchte Synode, welche die Glaubenseinheit mit dem von Damasus vertretenen Westen durch Unterzeichnung des seinerzeit von Athanasius an Basilius geschickten römischen Synodalschreibens[13] „Confidimus“ vom Jahre 372 und einiger späterer Äußerungen beurkundete. Damit war der Forderung des kaiserlichen Dekrets vom Februar 380 aufs beste vorgearbeitet. Theologisch bedeutete das Anerkennung des Nicaenums einschließlich der Homousie des Hl. Geistes, die Ablehnung aller arianischen und halbarianischen Formeln und des Apollinarismus.

Zwei der großen — später Patriarchate genannten — Bischofssitze waren nun in Ordnung gebracht, der dritte in der Reichshauptstadt Konstantinopel stand noch aus. Hier war seit 40 Jahren für den Bischof und für seine Gemeinde der kirchen-

---

[11] Socr. 4, 37, 1 Sozom. 6, 39, 1.

[12] vgl. Ambr. ep. 12, 6.

[13] s. S. 13 f. Texte bei Schwartz ZNW 1936, 19—23. Dazu S. 15—17: aber ZNW 1935, 199 wohl dem Richtigen näher.

politische Kurs des Kaisers maßgebend gewesen, und der gegenwärtig amtierende Demophilos hatte schon als Bischof des makedonischen Beroea für Konstantius gewirkt[14]. Es war klar, daß er die neue Wendung zum Nicaenum nicht mitmachen konnte. In Voraussicht der kommenden Ereignisse schickten die Jungnicaener ihren besten Theologen und Redner, den Freund des Basilius, Gregor von Nazianz, nach der Hauptstadt mit dem Auftrag, sich dort eine Gemeinde aufzubauen, an deren Spitze er dann den freiwerdenden Thronos beanspruchen konnte. Er ging, und es mag in seinem Falle wohl glaublich sein, wenn er uns versichert, er habe es ungern getan[15]. Er war kein Mann der öffentlichen Wirksamkeit wie Basilius, und als ihn dieser einmal in seinem Kampf um die Metropolitangewalt in Kappadokien zum Bischof eines kleinen Nestes Sasima weihte, war es zu einer schweren Verstimmung gekommen: Er war, empört über diese Zumutung, vor der Aufgabe zurückgewichen, hatte sein Amt nicht angetreten und fliehend die Bergeinsamkeit aufgesucht. Später mußte er doch seinem Vater in Nazianz in der Verwaltung des dortigen Bistums beistehen, hat aber nach dessen Tode die Nachfolge in diesem Amt zu vermeiden gewußt und sich nach Seleukia in Cilicien zurückgezogen. Der Ruf nach Konstantinopel stellte ihm aufs neue die Frage, ob er nicht seine beschauliche Muße aufgeben wolle, und diesmal erschien die Aufgabe seinen glänzenden Fähigkeiten so angemessen, daß er die Bedenken überwand und zusagte.

Man konnte ihm in der großen Stadt nur ein winziges Kirchlein zur Verfügung stellen, die „Anastasia" — die erst später prächtig ausgebaut wurde[16] — und die zum Nicaenum haltende Gemeinde war naturgemäß noch recht klein[17]. Der Anfang war den auch nicht leicht, zumal die große Stadtgemeinde zu ihrem Bischof Demophilos hielt, und Gregor mußte es erleben, daß

[14] s. Bd. 3, 223 vgl. Philostorg. 9, 14.

[15] Greg. carmen de vita sua p. 596. 607 (2. 704, 706 ed. Bened.).

[16] Alfons Maria Schneider, Byzanz (1936). S. 51 f. Über ihren Resten steht heute die Moschee Mehmed Sakollu Paschas, nahe bei der Rundung des Hippodroms.

[17] Greg. or. 33, 1 42, 2 carm. de vita v. 587—589 p. 704.

eines Tages seine Kirche von Mönchshaufen und Bettlern, die im Bischof ihren Ernährer verehrten, während des Gottesdienstes überfallen wurde und ein Steinhagel aus den Händen der aufgeregten Glaubensstreiter an ihm vorbei auf den Altar und die heiligen Geräte niederging. Zu allem übrigen wurde ihm noch die Schuld an dem ganzen Tumult zugeschrieben und er bedurfte seiner geschulten Beredsamkeit, um sich vor der Polizeibehörde zu rechtfertigen[18]. Sogar von seiten der niederen Weiblichkeit tobte sich fanatische Feindschaft in tätlichen Angriffen aus[19]. Daß im übrigen die offen zutage liegenden Schwächen Gregors, sein wenig imponierendes Äußeres, seine schäbige Kleidung, sein kleinstädtisches Wesen, seine Armut weidlich verspottet wurden[20], versteht sich von selbst.

Aber alle diese Dinge verschwanden vor seiner überragenden Redekunst, die auch Widerwillige in seine Kirche zwang und seinen Hörerkreis ständig erweiterte. In späteren trüben Tagen ist ihm die Erinnerung an den Erfolg seiner Predigttätigkeit in der Anastasia ein tröstendes Labsal[21]. Wir besitzen eine große Anzahl der Reden, die er in jener Zeit gehalten hat und können an ihnen sowohl den Prunk der Worte und den klingenden Periodenbau, als auch die Sorgfalt der theologischen, ja auch philosophischen Beweisführung bewundern. Vor allem die berühmten fünf „Theologischen Reden“ gegen die Arianer sind in ihrem geschickten Aufbau, der allmählichen Entfaltung des Dreieinigkeitsproblems, der wirkungsvollen Bildhaftigkeit der Predigt über den natürlichen Gottesbegriff und der scharfen Dialektik in der Behandlung der Logoslehre unübertroffene Muster einer Rethorik, die höchste Ansprüche an die Zuhörer stellt. Und eben das wußte man in Konstantinopel zu schätzen, wo seit nunmehr fünfzig Jahren die besten Redner das Volk erzogen und anspruchsvoll gemacht hatten, und andererseits dogmatische Fragen

---

[18] Greg. carm. de vita v. 652—678 (2, 710), epist. 77, 1 (2, 66).

[19] Greg. or. 35, 3—4 33, 5.

[20] Greg. or. 33, 7. 8.

[21] Greg. carm. hist. n. 16 somnium de Anastasia 1—47 p. 842—846 vgl. carm. de vita 1079 ff. 1126 ff. p. 730—732 or. 23, 5.

beliebtester Gesprächsgegenstand nicht nur in den Salons der Oberschicht, sondern auch in den Läden der Bäcker und der Geldwechsler, im Bad und im Bazar geworden waren[22]. Gregor freute sich des steigenden Erfolges und durfte mit Sicherheit auf eine endgültige Befestigung seiner Stellung durch die Erhebung zum hauptstädtischen Bischof rechnen, sobald erst einmal Theodosius in seine Residenz eingezogen und die kirchliche Gesamtlage des Ostens geklärt sein würde.

Inzwischen erschien ein christlicher Philosoph namens Maximus in Konstantinopel[23]. Er war einst als nicaenischer Parteigänger aus seiner Heimat Alexandria verbannt worden und schloß sich nun dem Gregor an. Dieser hielt den eitlen Gecken mit seinen gefärbten Locken, dem Mantel und Knotenstock des Kynikers und seinen schmeichlerischen Redensarten für etwas Bedeutendes und stellte ihn sogar seiner Gemeinde in einer festlichen Lobrede[24] als das Muster eines vollkommenen Philosophen und als Märtyrer des wahren Glaubens vor. Aber zu Gregors peinlicher Überraschung wurde dieser Mann eines Nachts von ägyptischen Bischöfen, die plötzlich in der Stadt angekommen waren, zum Bischof von Konstantinopel geweiht. Im Hintergrunde der tückischen Aktion stand Petrus von Alexandria, der mit Besorgnis das wachsende Ansehen des Gregor beobachtet hatte und den hauptstädtischen Bischofsthron lieber mit einer ihm ergebenen Kreatur besetzen als ihn einem Anhänger des verhaßten Meletius zugestehen wollte. Der Streich machte großes Aufsehn, und Maximus verließ schleunigst die Stadt, aber nur um nach Thessalonich zum Kaiser zu gehn und diesen um Anerkennung seiner Weihe zu bitten. Das mißlang selbstverständlich, und nun fuhr der enttäuschte Prätendent nach Alexandria zu seinem Auftraggeber und machte diesem aufgeregte Szenen, bis der Präfekt ihn vorsichtshalber als Unruhestifter ausweisen ließ. Für Gregor war die ganze Angelegenheit überaus schmerzlich, zumal da seine rhetorische Leistung zugunsten des Maximus noch in aller Er-

---

22 Greg. Nyss. or. de deitate filii et spir. s. 3, 466 ed. Paris.
23 Bericht des Gregor im carm. de vita v. 750—1056.
24 Greg. or. 25 vgl. Hieron. vir. inl. 117.

innerung war. In der ersten Erschütterung wollte er sein Amt niederlegen, aber die dringenden Bitten der Gemeinde zeigten ihm, daß er das Vertrauen der Seinen nicht eingebüßt hatte[25].

Und nun kam auch für Konstantinopel der große Umschwung. Am 24. November 380 zog Theodosius in seiner Hauptstadt ein. Bischof Demophilus wurde vor die Frage gestellt, ob er sich dem Glaubensdekret des Kaisers unterwerfen wolle, und lehnte ab. Am 26. November verließ er die Stadt; in seinem Gefolge befand sich auch Lucius, der einst Bischof in Alexandria gewesen war[26]. Dem Gregor wurde vom Kaiser in einer huldvollen Audienz an Stelle seiner unscheinbaren Kapelle die Kathedrale der Stadt, die Apostelkirche[27], zugewiesen. Theodosius geleitete ihn sogar persönlich in festlichem Aufzug an die heilige Stätte, und die dort versammelte nicaenische Gemeinde forderte mit stürmischem Zuruf den Bischofsthron für Gregor. Draußen aber drängte sich das Volk vor den die Kirche und den Festzug schützenden Reihen der Soldaten und gab laut seiner Erbitterung über die Absetzung des Demophilus Ausdruck; und auf allen Straßen und Plätzen tönte die Klage um den Verlust der alten kirchlichen Weise. So groß war der Haß gegen den Eindringling Gregor, daß man sogar ernstlich mit dem Plane umging, ihn zu ermorden[28]. Aber Theodosius schritt unbeirrt seinen Weg, und Gregor hielt sich klug zurück und bemühte sich, auch unter den Gegnern Freunde zu gewinnen.

Inzwischen kam Meletius nach Konstantinopel: er war, seitdem er das antiochenische Schisma beseitigt hatte, der mächtigste Mann im Orient und machte von seinem Einfluß nun kräftig Gebrauch. Lange genug hatte die Neuorthodoxie des Ostens sich vor dem Westen beugen und die Launen des Alexandriners ertragen müssen. Jetzt war sie ein Machtfaktor eigenen Rechtes und konnte ihre Angelegenheiten nach ihrem Willen regeln. Am 10. Januar 381 verkündete ein neues Gesetz, daß ausnahmslos

---

[25] Aus dieser Zeit stammt or. 26.

[26] s. S. 14.

[27] Greg. or. 42, 26 carm. in somn. de Anast. (hist. 16) v. 58—59 p. 846. C. Ullmann, Greg. Naz.[2] 1867, S. 153 f.

[28] Greg. carm. de vita 1441—1472 p. 750.

alle Bischofssitze den orthodoxen Bischöfen zu übergeben und häretische Kulte nicht mehr zu dulden seien. Als orthodox gilt, wer sich mit den nicaenischen Formeln zu Gott und Christus bekennt und auch den Hl. Geist nicht durch Leugnung beleidigt, dazu im rechten Sinne die ungeteilte Wesenheit (Usia) der Trinität gelten läßt. Vor kaum einem Jahr waren dem Theodosius noch die Päpste von Rom und Alexandria als Garanten der Orthodoxie notwendig erschienen: jetzt hatte er gelernt, die Glaubensfragen mit den Augen des Ostens anzusehn, und Meletius hat ihm dabei geholfen.

Um diese Zeit ergingen auch die kaiserlichen Einladungen zu einem Reichskonzil in Konstantinopel, das unter alle Wirren der vergangenen Zeit einen Schlußstrich machen sollte. Um aber ganz sicher zu gehn, wurden nur zuverlässige Leute eingeladen, das hieß aber jetzt solche, die zum Kreise des Meletius gehörten oder wenigstens früher einmal ihm nahegestanden hatten. Das Letzte traf auf die sogenannten Macedonianer zu, von denen 36 Bischöfe aus der Gegend der Dardanellen der Einladung folgten, aber zur großen Enttäuschung des Meletius nach näherer Kenntnisnahme der kaiserlichen Forderungen auf der Ablehnung des Homousios beharrten und das Konzil verließen. Die Ägypter und Makedonier hatte man angesichts ihrer früheren Stellungnahme gegen Meletius gar nicht erst eingeladen. So bestand das Konzil wesentlich aus den Bischöfen der kleinasiatischen und syrisch-palaestinensischen Provinzen: die Mitgliederzahl wird in der amtlichen Tradition der späteren Zeit auf 150 angegeben[29]. Akten dieser Synode sind uns nicht erhalten, so daß wir auf die Berichte der Kirchenhistoriker, gelegentliche Notizen und die in den Rechtsbüchern aufbewahrten Kanones angewiesen sind[30].

Als erste Aufgabe erschien die Besetzung des hauptstädtischen Thrones: unter dem Vorsitz des Meletius wurde die Or-

[29] Namenliste bei den lateinischen Kanones erhalten (s. Labbé Conc. 2, 955 ff.), aber verdächtig s. Tillemont, Mémoires 9, 716 n. 42.

[30] Berichte bei Socr. 5, 8 Sozom. 7, 7—9 Theodoret 5, 6, 3—8, 9. Kanones Labbé Conc. 2, 945 ff.

dination des Maximus für ungültig erklärt[31] und Gregor von Nazianz gewählt. Er nahm trotz mancher Bedenken an, in der Hoffnung, den jetzt scharf zutage tretenden Gegensatz zwischen Abend- und Morgenland überbrücken zu können[32]. Aber der kurz danach erfolgende überraschende Tod des Meletius schlug jede Hoffnung auf Verständigung in Trümmer und bedeutete auch für Gregor persönlich eine Katastrophe. Er mußte wohl oder übel die Leitung der Synode übernehmen, deren Leidenschaften durch glänzende Reden nicht gebändigt werden konnten, sondern eine harte Hand erfordert hätten, die der ohnehin kränkliche Mann nicht besaß. Jetzt war der Moment gekommen, in dem die Anerkennung des alten Paulinus als Bischof von Antiochia im ganzen altnicaenischen Osten bis nach Ägypten hin als versöhnende Geste wirken und die so notwendige Brücke zur Gemeinschaft mit dem Abendland[33] schlagen konnte. Gregor wollte ihn benutzen, aber nun zeigte sich erst in vollem Umfang die Tiefe der Erbitterung, welche die kalte Gleichgültigkeit Roms gegen die Nöte des Ostens in den siebziger Jahren erzeugt hatte, und der ganze Haß des Orients traf den vom Westen und von Ägypten gestützten Paulinus. Mit Entrüstung wurde Gregors versöhnender Vorschlag abgewiesen, obwohl er ihn durch eine Rücktrittsdrohung unterstrich[34]. Gregor wurde krank, mußte zu Haus bleiben und die tobende Menge sich selbst überlassen.

Da der Kaiser eine Verschärfung der Spannung zwischen Ost und West vermeiden wollte und somit an der Politik des Gregor interessiert war, lud er jetzt „die Ägypter und Makedonier“ ein und forderte sie auf, schleunigst zur Synode zu kommen. Als Häuptlinge dieser Sendboten des Friedens erschienen Timotheus von Alexandria, der im Februar an die Stelle seines verstorbenen Bruders Petrus getreten war, und Acholius von Thessalonich: sie brachten, wie Gregor sagt, etwas rauhe west-

---

31 can. 4.

32 Greg. carm. de vita v. 1514 ff. 1525 ff. 1533. 1538. 1558—1561 p. 754 f.

33 Greg. carm. de vita v. 1611—1615. 1636 f. p. 758 f.

34 Greg. carm. de vita v. 1671 p. 762.

liche Luft mit sich[35]. Wie rauh sie war, sollte er bald am eigenen Leibe spüren. Denn Acholius hatte schon längst von Damasus heimliche Anweisung erhalten, auf dem Konzil gegebenenfalls den Schwindler Maximus preiszugeben, aber auch Sorge zu tragen, daß Gregor nicht den Konstantinopeler Stuhl besteige[36]. Dies Letzte ward zwar ohne Namensnennung, aber darum nicht minder deutlich durch einen Hinweis auf den berüchtigten Kanon 15 von Nicaea[37] zum Ausdruck gebracht. Und Acholius handelte danach.

Kaum waren die neuen Friedensstifter auf dem Konzil erschienen, da begann auch schon der Sturm gegen Gregor. Seine Weihe sei unrechtmäßig, da er Bischof von Sasima sei und deshalb nicht auf eine andere Stelle übersiedeln dürfe. Der Angriff erfolgte so unerwartet und mit solcher Wucht, daß Gregor sofort kapitulierte. Er legte sein Amt nieder, hielt den versammelten Vätern eine schöne und packende Abschiedsrede[38] und verschwand aus dem kirchenpolitischen Leben, für das er nicht paßte. Als seinen Nachfolger empfahl der Kaiser einen kirchlich völlig unbelasteten und einstweilen auch noch gar nicht getauften Juristen aus guter senatorischer Familie, Nektarius von Tarsus in Kilikien[39]. Dieser wurde sofort getauft, dann einstimmig gewählt und geweiht. Es mag richtig sein, daß auch Timotheus von Alexandria ihm die Hand aufgelegt hat[40]. Aber auch die antiochenische Frage wurde nun nach einiger Zeit erledigt. Die Bischöfe der Provinz Syria prima und der Diözese Oriens traten zusammen und wählten ohne Rücksicht auf berechtigte Hoffnungen des Paulinus den antiochenischen Presbyter Flavianus zum Bischof und fanden damit die Zustimmung der Meletianergemeinde. Die im Jahre 382 tagende zweite Synode von Konstantinopel hat diese Wahl ausdrücklich anerkannt[41].

---

[35] Greg. carm. de vita 1798—1802.

[36] Damasus ep. 8 „decursis" p. 535 und ep. 9 p. 539 Coustant. Dazu noch Ambros. ep. 13, 7 über Acholius' Anwesenheit.

[37] s. S. 15 f. Greg. carmen de vita v. 1807—1815 p. 770.

[38] Greg. oratio 42 p. 748—768. [39] Socr. 5, 8, 12 Sozom. 7, 8.

[40] Marcellinus comes in Chron. min. 2, 61, 10.

[41] Theodoret 5, 9, 16 Sozom. 7, 11.

War schon diese Behandlung der antiochenischen Sache für Rom und Alexandria unerträglich, so brachten die am 9. Juli 381 aufgestellten Kanones des Generalkonzils beiden Thronen weiteren Kummer. In Kanon 3 wurde dem Bischof von Konstantinopel der Ehrenvorrang vor allen übrigen Bischöfen und die Stelle gleich nach dem Bischof von Rom zugesprochen, „weil jene Stadt ein neues Rom ist". Das bedeutete die klare Abweisung eines Anspruches, den Alexandria seit langem erhoben hatte. Wenn der Orient einen Papst haben sollte, so wünschte die Synode — natürlich im Einklang mit dem Kaiser —, daß es der Konstantinopeler Bischof sein möge. In Rom dagegen war man auf Grund der alten Beziehungen geneigt, dem Alexandriner diese Stellung lieber zu gönnen und lehnte das orientalische Prinzip, die Rangordnung der Bistümer nach ihrer staatlichen Bedeutung zu bemessen, grundsätzlich ab.

Im zweiten Kanon wurde mit einer deutlichen Spitze gegen Alexandria den Bischöfen das Übergreifen in andere Sprengel erneut untersagt und die fünf Reichsdiözesen des Ostens, Ägypten, Oriens, Asia, Pontus und Thrakien, zu selbständigen kirchlichen Verwaltungsbezirken erklärt. Das war eine klärende Weiterführung der einst in Antiochia (Kan. 9) beschlossenen Maßregel, die nur für die Provinzen galt[42] und der Nicaenischen Anerkennung (Kan. 6) einer größeren Vollmacht für Alexandria und Antiochia.

Das alles waren Feindseligkeiten gegen die verbündeten Ägypter und Römer, und die schönen Glaubensdekrete der Synode boten den Gekränkten keinen Ersatz für das Verlorene. Da ist in erster Linie ein ausführliches Synodalschreiben[43] zu nennen, das unsere Überlieferung nicht aufbewahrt hat: sein aufs äußerste verdünnter Extrakt liegt in der Ketzerliste des ersten Kanons und dem Symbol vor, das unter dem Namen des Nicaeno-Constantinopolitanum bekannt ist und bis heute in der römischen Messe verwendet wird. Es ist ein Bekenntnis des alt-

[42] Bd. 3, 9 vgl. 200. Nicaen. can. 4.
[43] Theodoret 5, 9, 13.

kirchlichen Typus, wie er in Palästina gebraucht wurde, durch die Formeln von Nicaea und Wendungen gegen Marcell von Ankyra und die „Pneumatomachen" der neuen Lage angepaßt. Das es wirklich von dieser Synode amtlich aufgestellt ist, was neuerdings vielfach bezweifelt wurde, kann nunmehr als sicher gelten[44]. Schließlich haben uns die griechischen Sammlungen kirchenrechtlicher Texte noch das Schreiben[45] überliefert, mit dem die Synode ihre Kanones dem Kaiser übersendet. Sie bittet darin um Bestätigung dieser Beschlüsse, die also erst durch das kaiserliche Siegel Rechtskraft erhalten. Damit bekennt sich die Synode zur Idee der vom Kaiser gelenkten Staatskirche. Gegen Ende Juli dürfte die kaiserliche Zustimmung zu den Konzilsbeschlüssen erfolgt sein, denn ein vom 30. Juli 381 datiertes Gesetz[46] macht die Glaubensdekrete der Versammlung zugleich mit ihren Entscheidungen über die Besetzung der Bischofsthrone allgemein verbindlich. Und schon vorher, am 2. Mai desselben Jahres, hatte der Kaiser seiner Staatskirche ein einzigartiges Privileg erteilt, indem er den Rücktritt ihrer Angehörigen zum Heidentum mit dem Verlust der Testierfähigkeit bestrafte[47]. Das Christentum war in vollem Sinne Staatsreligion geworden.

Theologisch bedeutet die Konstantinopeler Synode den endgültigen Abschluß des arianischen Streites und die Dogmatisierung der Dreieinigkeitslehre. In Nicaea war nur die Homousie von Vater und Sohn festgelegt worden: erst jetzt wird der Heilige Geist ausdrücklich als gleich anbetungswürdig genannt und damit eine theologische Formulierung des Trinitätsgedankens geboten. Es hat jahrzehntelange Kämpfe und harte Denkarbeit gekostet, bis die Orientalen sich zu diesem Ziel durchgerungen haben, das der religiöse Instinkt des Abendlandes längst und ohne erhebliche Mühe erreicht hatte. Den für das Konstantinopeler Einigungswerk entscheidenden Schritt hat Basilius getan: sein

---

[44] E. Schwartz in ZNW 1926, 38—88.

[45] Labbé Concilia 2, 946. Beneschewitsch, Syntagma 14 titulorum sec. vers. palaeo-sloven. (Petersburg 1906) 1, 94.

[46] Cod. Theod. 16, 1, 3.

[47] Cod. Theod. 16.7, 1 mit den Ausführungsgesetzen 7, 2 und 7, 3.

Freund Gregor von Nazianz und sein Bruder Gregor von Nyssa haben auf dem von ihm gelegten Grunde weitergebaut, und so ist durch „die Kappadokier" der griechischen Trinitätslehre die endgültige Form gegeben worden, die der Theologie des Ostens durch die Jahrhunderte als Richtschnur gedient hat.

Wir haben gesehen[48], daß die Synode zu Alexandria 362 den Weg zu einer Einigung der kirchlichen Parteien dadurch ebnete, daß sie unter bestimmten Voraussetzungen die Lehre von drei Hypostasen als ebenso orthodox gelten lassen wollte wie das Bekenntnis zu einer Hypostase oder Usia. Das war ein kirchenpolitisches Kompromiß, aber keine theologische Lösung: eine solche konnte erst geboten werden, wenn es gelang, die verhängnisvolle Bedeutungsgleichheit der Wörter Hypostasis und Usia[49] zu beseitigen und dadurch das Verhältnis der Einheit zur Dreiheit auf eine begrifflich klare Formel zu bringen.

Basilius tat diesen Schritt[50] und erklärte nach aristotelischen Kategorien Usia für den Allgemeinbegriff, das Genus, und Hypostasis für den Einzelbegriff, die Species. Er bedient sich dabei mit Vorliebe des Beispiels: der Allgemeinbegriff Mensch bezeichnet die Usia, der Einzelbegriff unterscheidet die Hypostasen Petrus, Andreas, Johannes oder Paulus, Silvanus, Timotheus. Alle diese Personen sind ihrer Usia nach „Mensch", also „homousioi", und jedem kommt das Prädikat der menschlichen Usia zu, während sie als Einzelwesen (Hypostasen) voneinander geschieden sind und ihre besonderen Eigentümlichkeiten, ihre charakteristischen Eigenheiten haben, die nur jedem einzelnen für sich, aber nicht den anderen zustehen. Petrus ist nicht Andreas und nicht Johannes. Entsprechend diesem Muster ist Vater, Sohn und Geist der Usia nach Gott, aber der Vater ist durch seine Vaterschaft oder negativ sein „Ungezeugtsein" charakterisiert und ist nicht Sohn oder Geist; dem Sohne kommt das unterscheidende Merkmal des „Gezeugtseins", der Sohnschaft, zu, während

[48] Bd. 3, 270.

[49] vgl. die Anathematismen des Symb. Nicaen.

[50] Basil. epist. 38, 2 214, 4 236, 6. Für das ganze Problem ist grundlegend K. Holl, Amphilochius v. Ikonium (1904), 122 ff.

den Heiligen Geist das Prädikat der „Heiligung" oder — was Gregor von Nazianz besonders ausgeführt hat — des „Hervorgehens" aus dem Vater kennzeichnet.

Das erscheint auf den ersten Blick klar und anschaulich, aber bei näherem Zusehen zeigt sich bald der Konstruktionsfehler. Petrus, Andreas und Johannes sind drei Menschen — also sind analog Vater, Sohn und Geist drei Götter. Die Kritik der Gegner hat sofort diese schwache Stelle erkannt, und die Kappadokier bemühten sich wetteifernd, den Vorwurf des Tritheismus von ihrer Lehre abzuwehren[51]. Das ist natürlich nur möglich durch allerlei ausgeklügelte Hilfskonstruktionen, welche dem Grundgedanken seine ursprüngliche Klarheit wieder nehmen, so viel Feines und tief Empfundenes auch bei diesen Operationen zutage tritt.

Im Grunde mühen sich diese Denker an einer unlösbaren Aufgabe. Sie wollen die in der origenistischen Theologie wurzelnde und schon von den alten Eusebianern klar ausgesprochene Lehre[52] von drei selbständig existierenden göttlichen Personen gegen alle Verflachungen sichern — und das ist ihnen gelungen. Aber wenn sie nun versuchen, das aus dem alten Monarchianismus[53] mit unversieglicher Lebenskraft immer wieder emporquellenden Bekenntnis zu einem einzigen Gotteswesen damit zu vereinigen, so geraten sie zwangsläufig zu Formeln und künstlichen Theorien, hinter denen weder Anschauung noch Logik mehr steht.

Einst war das Bekenntnis zur göttlichen Trias schlichte Aussage des religiösen Erlebens der Christenheit gewesen, der sich Gott in der Schöpfung als Vater, im Heilszweck Jesu Christi als Sohn und im Leben der Gemeinde als Heiliger Geist offenbart hatte. Die Theologen haben sich unablässig bemüht, diese subjektive Glaubenserfahrung in objektive philosophische Aussagen

---

[51] K. Holl, Amphilochius 142—153, 173—178, 218—220. Bezeichnend Greg. Naz. or. 31, 19 (p. 568) und Greg. Nyss. quod non sint tres dii.

[52] s. Bd. 3, 191 f.

[53] s. Bd. 2, 192 f. 3, 81. 95.

über Gottes Wesenheit umzusetzen und sind dabei von dem echt griechischen Vertrauen auf die auch die Tiefen der Gottheit erforschende Kraft der menschlichen Vernunft geleitet worden. Aber der Geist, der nach Paulus (1. Kor. 2, 10) bis in diese letzten Tiefen dringt, ist nicht der des forschenden Philosophen, sondern der des gottergriffenen Christen, nicht Menschengeist, sondern Gottesgeist. Gottes Wesen ist der menschlichen Denkweise nicht kommensurabel — darum war auch die Trinitätstheologie der Griechen zum Scheitern verurteilt. Augustin hat für das Abendland einen andern Weg einzuschlagen versucht.

3. Der Westen unter Valentinian I. und Gratian

Nach der schweren Erschütterung der abendländischen Kirchen durch die Zwangspolitik des Konstantius trat schnell wieder Beruhigung ein, als Jovian und dann mit kräftigerer Wirkung Valentinian den Bischöfen ihre Sitze und die Selbständigkeit des kirchlichen Lebens zurückgaben. Ein Stachel blieb aber doch in den Seelen haften, der unabweisbare Vorwurf der Untreue bei den zahlreichen Bischöfen, die sich dem „arianischen" Diktat des Kaisers in Rimini gebeugt und die ungehinderte Heimfahrt dem Exil vorgezogen hatten.

Lucifer von Calaris, der schon im Osten jede Versöhnungspolitik wirksam gestört hatte[1], erhob bei seiner Rückkehr laut seine anklagende Stimme, drohte dem Bischof Zosimus von Neapel mit einem Gottesgericht und organisierte von Sardinien aus einen Widerstand gegen die Großkirche, der, obwohl im ganzen bedeutungslos, doch gelegentlich schmerzlich empfunden wurde. Den Führer der gallischen Kirche, Hilarius, kritisierte er schonungslos, und der große Vorkämpfer der nicaenischen Trinitätslehre hielt es doch für zweckmäßig, ihm ein mit verteidigenden Randbemerkungen geschmücktes Exemplar seines theologischen Hauptwerkes zu übersenden. Wir besitzen noch eine Abschrift davon[2]. In Corduba konnte sich der uralte Ossius nur mit Mühe der Angriffe des Gregor von Elvira erwehren. An verschiedenen Orten bildeten sich Sondergemeinden der „Luciferianer": in Rom unter einem Bischof Ephesius, in Trier unter dem Priester Bonosus, aber auch in Afrika, in dem ägyptischen Oxyrhynchus und in dem palaestinensischen Eleutheropolis (westlich von Hebron), wo Lucifer als Verbannter gewohnt hatte, erwuchsen solche oppositionellen Konventikel. Natürlich wurden sie von den katholischen Bischöfen mit oder ohne staatliche Hilfe

[1] Bd. 3, 71.

[2] Karl Holl jun. in seinen noch ungedruckten Hilariusstudien.

verfolgt, wenn die Gelegenheit günstig war. Im Jahre 384 haben zwei Priester, Faustinus und Marcellinus, die Leidensgeschichte der Sekte aufgezeichnet[3] und dabei fleißig auf wunderbare Gottesurteile hingewiesen, die zu ihren Gunsten ergangen waren. Die Schrift wurde dem Kaiser Theodosius überreicht, und dieser erließ daraufhin ein Toleranzedikt für das unschädliche Häuflein, das mit seiner Generation gestorben ist.

In Rom hat Liberius doch auch an den Folgen seines Abfalls tragen müssen: die Auseinandersetzung mit dem Gegenpapst Felix[4] schuf ihm manche Sorge, und der Gegensatz der beiden wirkte sich nach des Liberius' Tode verhängnisvoll aus. Seine treuen Anhänger hatten sich stets gegen Felix gewehrt und behaupteten, dieser sei unter Verletzung feierlich beschworener Verpflichtungen gewählt worden. Und als nun Liberius starb, ließen sie sich gar nicht erst auf Verhandlungen ein, sondern wählten auf eigene Verantwortung in der Basilica Juli (S. Maria in Trastevere) den Diakon Ursinus zum Papst, während die große Mehrheit in der Lucinakirche (S. Lorenzo in Lucina nahe dem Corso) den ehrgeizigen Diakon Damasus auf den Thron erhob. Dieser war als Sohn eines römischen Klerikers von Jugend auf mit allen Verhältnissen von Stadt und Gemeinde wohl vertraut und galt als Liebling der frommen und schwer reichen Damenaristokratie, die in der nachkonstantinischen Zeit ihre Rolle in der römischen Kirche zu spielen begann.

Sofort entbrannte der Kampf zwischen beiden Gegnern in einer Weise, die in Rom bis dahin noch unerhört war. Die Kirchen wurden zu Burgen der Päpste. Erst stürmte ein von Damasus gedungener Pöbelhaufe die Juliuskirche und tobte sich dort drei Tage lang aus, während Damasus selbst im Lateran von seiner Wache geschützt saß und den Stadtpräfekten Viventius veranlaßte, Ursinus nebst zwei Diakonen auszuweisen. Aber seine weiteren Wünsche stießen auf heftigen Widerstand bei der Volksmenge, die sich mit den bedrohten Geistlichen in der Li-

---

[3] Das ist der sog. „Libellus precum" in der Collectio Avellana n. 2 und 2 a.

[4] s. Bd. 3, 224.

beriuskirche (S. Maria Maggiore) verschanzte. Da gab es denn eine regelrechte Belagerung mit Sturmangriff, eingeschlagenen Toren und Brandfackeln, und am Abend des 26. Oktober 366 lagen 160 Tote beiderlei Geschlechts am Boden — die Belagerer hatten keine Verluste zu melden. Ammianus Marcellinus, der gleichfalls davon berichtet, zählt 137 Leichen. Übrigens meint er mit einiger Ironie, das Ganze sei wirklich für solche Leute der Mühe wert gewesen, denn der Sieger in diesem Kampfe könne sicher auf reiche Spenden vornehmer Damen rechnen, prächtig in Karossen daherfahren, prunkvoll sich kleiden und wie ein König speisen. Demgegenüber seien wahrhaft glücklich zu preisen die kleinen Provinzbischöfe, die bedürfnislos und bescheiden lebend reine und ehrwürdige Verehrer der ewigen Gottheit seien[5]. Bitter, aber treffend geurteilt. So sah damals bereits, d. h. erst ein Menschenalter nach Konstantin, das großstädtische verweltlichte Christentum in den Augen eines anständigen Heiden aus: es hatte politisch gesiegt und glaubte nun auf weitere moralische Eroberungen verzichten zu können. Der Kampf mit Ursinus ging noch eine Weile hin und her, jetzt mehr mit amtlichen Mitteln geführt, und endete natürlich, wenn auch erst nach vielen Weiterungen, mit dem Siege des Damasus, der die größere materielle Macht und die besseren Beziehungen hatte.

In der letzten Zeit des Liberius war eine positive Nachwirkung der antinicaenischen Politik des Konstantius dem Abendland nur noch in Mailand, wo Auxentius saß, und in den „illyrischen“ Grenzgebieten der nördlichen Balkanländer spürbar. Wir haben noch Dokumente, die uns von theologischen Auseinandersetzungen der im Dezember 366 auf einer Synode in Singidunum (Belgrad) zusammengetretenen „Halbarianer“ Ursacius, Valens, Gaius, Paulus u. a. mit Germinius von Sirmium (Mitrovitza) berichten[6]. In diesen Gegenden fühlte sich die alte Hofpartei noch stark. Den nicaenischen Bischöfen der Nachbarschaft, insbesondere in Venetien und in den Alpenländern, war das sehr ärgerlich, und es scheint, als ob sie sich mit einer Beschwerde über

[5] Coll. Avell. n. 1 und Am. Marc. 27, 3, 11—14.

[6] Hilar. 4, 159—164.

diesen Zustand an Kaiser Valentinian gewandt haben. Dieser ordnete eine synodale Untersuchung in Rom an, und so traten denn in einem nicht sicher festzustellenden Jahre 93 Bischöfe unter dem Vorsitz des Damasus zusammen[7]. Sie richteten an die Illyrier eine milde Vermahnung, wollten nicht an ernsthaften Willen zur Häresie glauben, sondern lieber Unwissenheit oder Einfalt als die wahren Ursachen etwaiger schwankender Glaubenshaltung gelten lassen: weshalb ja auch Auxentius von Mailand seinerzeit verurteilt worden sei. Demgegenüber wird auf das auch die Homousie des Hl. Geistes einschließende Nicaenum als einzige Richtschnur des Glaubens verwiesen und die Hoffnung ausgesprochen, daß anders denkende Bischöfe aus ihrer Gemeinschaft ausgeschieden werden möchten. Die Dekrete von Rimini werden scharf abgelehnt. Um zustimmende Antwort wird gebeten.

Diese sanften Töne nutzten natürlich nichts, so wenig wie jene von den Beschwerdeführern erwähnte Verdammung des Auxentius geholfen hatte. Damasus mußte sich entschließen, Namen zu nennen: und so erklärte denn eine neue Synode die Exkommunikation von Ursacius, Valens und Genossen. Athanasius belobte den Damasus dafür im Namen einer ägyptischen Synode, beklagte aber zugleich bitterlich, daß Auxentius noch immer ungekränkt in Mailand sitze. Er teilt das auch der afrikanischen Kirche in einem Synodalschreiben mit[8]. Aber wir haben bereits gehört[9], daß Valentinian von den Methoden des Konstantius nichts wissen wollte und den Auxentius trotz der theologischen Verurteilungen ruhig bis zu seinem Tode im Amte bleiben ließ. In der Staatspolitik duldete dieser Kaiser von seiten der Bischöfe kein Hereinreden.

Ob freilich Damasus überhaupt große Lust zu Unternehmungen hatte, die über seine stadtrömischen Interessen hinaus-

---

[7] Schreiben „Confidimus“ (Schwartz in ZNW 1936, 19—20), aber die bei Theodoret KG 2, 22, 2 = Soz. 6, 23, 7 erhaltene Adresse ist die ursprüngliche: s. E. Caspar, Papsttum 1 (1930), 593.

[8] Athanasius epist. ad Afros 10, 3 p. 317 Opitz.

[9] S. 13.

gingen, darf bezweifelt werden. Er hatte in der Anfangszeit seines Pontifikats an heimischen Sorgen genug, und die kühle Nichtachtung, mit der wir ihn alle Hilfsgesuche der Orientalen haben ablehnen sehen[10] mag auch darin begründet sein, daß er sich nicht fest genug in seiner eigenen Stellung fühlte, um auswärtige Politik in großem Stil zu treiben: so begnügte er sich damit, eine hochmütige Miene aufzusetzen, die seine Ohnmacht verbergen sollte. Denn sowohl die Luciferianer als auch die Donatisten hatten in Rom lebendige und dem Papst sehr widerspenstige Sondergemeinden unter eigenen Bischöfen, und die im Straßenkampf besiegten Ursinusleute suchten ihm durch indirekte Angriffe beizukommen. Wir hören von einer Kriminalklage, die etwa 370 auf Anstiften dieser Kreise durch einen Juden Isaak beim Vicarius Maximinus[11] anhängig gemacht wurde. Der Richter war als rücksichtsloser Draufgänger bekannt und hat in der Tat nicht wenige Mitglieder des römischen Adels wegen Zauberei hinrichten lassen. Auch im Falle des Damasus griff er fest zu, ließ zahlreiche Kleriker verhaften und foltern, und der Prozeß hätte wirklich dem Papst den Kopf kosten können, wenn nicht das Blatt sich plötzlich durch Eingreifen des Kaisers zugunsten des Angeklagten gewendet hätte. Da trugen denn freilich die Kläger den Schaden, und Isaak mußte in die Verbannung nach Spanien wandern[12]. Aber das Ansehn des Papstes erlitt doch einen schweren Stoß.

Kein Wunder, daß man auch draußen die Autorität eines Bischofs mißachtete, der sich in seiner eigenen Residenz nicht unangefochten durchzusetzen vermochte. Wir hören, daß der Bischof von Parma seinem Absetzungsurteil Trotz bot und daß der Bischof von Puteoli, der vor 6 Jahren gemaßregelt war und damals ohne Erfolg den Kaiser zu Hilfe gerufen hatte, jetzt ruhig zurückkehrte und aufsässig wurde. Ein afrikanischer Bischof, den eine kaiserliche Verfügung vor das römische Bischofsgericht gewiesen hatte, entzog sich überhaupt dem Verfahren.

---

[10] s. S. 15, 19.

[11] s. Seeck, Untergang 5, 18, 17 mit Anm. S. 430.

[12] Rufin, hist. eccl. 11, 10 Damasus epist. 6, 9 Coll. Avell. n. 13, 5.

Jahr um Jahr dauerte dieser Zustand, bis er schließlich unerträglich wurde. Da ist Ende 378 in Rom eine Synode[13] von „fast unzähligen" Bischöfen „aus den verschiedenen Teilen Italiens" zusammengetreten. Damasus hat sich ihrem Urteil gestellt und sich zu dem vor acht Jahren erfolgten juristischen Freispruch nun auch den moralischen von seiten der geistlichen Versammlung geholt[14]. Diese selbst hat dann aber ein ausführliches Schreiben an Kaiser Gratian gerichtet, in dem ein Bild von der Minderung des römischen Ansehns entworfen und der Kaiser um ein allergnädigstes Einschreiten gebeten wird. Man wünscht zwei Erlasse, deren Wortlaut sogar probeweise formuliert und begründet wird[15]. Schon früher hatte ja Valentinian im Zusammenhang mit den Ursinusunruhen bestimmt[16], daß „über die übrigen Priester der Kirche der römische Bischof die Aufsicht haben solle, derart, daß über Fragen der Religion der Papst mit seinen Beisitzern urteile" oder wie ein anderer Zeuge es formuliert: „in Sachen des Glaubens oder Standesangelegenheiten die Kleriker von ihresgleichen gerichtet werden sollten". Aber es war nicht gelungen, diese kaiserliche Anordnung zu befriedigender Wirksamkeit zu bringen, weil, wie wir gesehen haben, die betroffenen Bischöfe sie mißachteten und die Behörden geringen Eifer zeigten, die Staatsgewalt zur Durchführung einzusetzen.

Nun wurde durch die Bittschrift der römischen Synode ein neuer kaiserlicher Erlaß an den Vikar Aquilinus ausgelöst, der ohne alle Höflichkeitsfloskeln dem Unmut des Herrschers über die Wirkungslosigkeit seiner Befehle kräftigen Ausdruck gibt und dann mit einigen zweckmäßigen Änderungen den ersten Vorschlag der Synode zum Gesetz erhebt. Wer von dem Synodalgericht des Damasus oder sonst einer katholischen Synode abgesetzt ist und sich weigert, dem Spruch Folge zu geben, soll durch die Staatsbehörden aus seinem Amt entfernt werden. Weigern

---

[13] Zum Datum Seeck, Regesten S. 152, 30.

[14] Dam. epist. 6, 10.

[15] Damasus epist. 6 („Et hoc gloriae") p. 523 Coustant und Antwort ep. 7 p. 530 = Coll. Avell. n. 13 p. 54—58 Günther. Dazu Caspar, Zeitschr. f. Kirchengesch. 47 (1928), 178—202.

[16] Damas. ep. 6, 2 Ambros. ep. 21, 2.

sich die Angeklagten, der Ladung vor das römische Gericht zu gehorchen, so sollen sie dazu mit staatlicher Gewalt gezwungen werden. In entfernteren Provinzen hält der Metropolit über seine Kleriker Gericht, er selbst aber untersteht dem Urteil Roms oder eines vom Papst bestellten Gerichtshofes. Dem Provinzialkleriker steht vor Abschluß des Verfahrens Berufung an den Papst oder an eine Synode von fünfzehn Bischöfen einer Nachbarprovinz frei. Da ausdrücklich die Prätorianerpräfekten von Italien und von Gallien mit der Ausführung betraut werden, gilt diese Regelung für das gesamte westliche Reichsgebiet, also mit Einschluß von Britannien, Spanien und Afrika. Das war eine verschärfte und die Würde des römischen Bischofs erheblich mehrende Fassung jenes berühmten, aber zu keiner praktischen Wirkung gelangten Kanons von Serdika[17], und die römische Synode wußte wohl, was sie tat, als sie Gratian diesen Vorschlag machte. Die Verkündigung in der Form eines kaiserlichen Reskriptes sollte diesmal eine tatsächliche Durchführung der obersten Gerichtsbarkeit des Papstes sicherstellen. Und es ist leicht einzusehen, warum der Kaiser dem Wunsch der Synode willfahrte: eine klare Abgrenzung der Kompetenzen und dadurch gewonnene übersichtliche Organisation der Kirche konnte dem Staat nur willkommen sein. Es ist doch eine vergebliche Hoffnung gewesen: wir hören auch in diesem Falle nichts weiter von den gewünschten Folgen.

Aber noch einen zweiten Antrag hatte die Synode gestellt, der aus dem Skandal des Isaakprozesses seine Beleuchtung empfing. Die Senatoren hatten das Privileg, daß bei einem Kapitalprozeß gegen sie die Akten dem Kaiser zur letzten Entscheidung vorgelegt werden mußten: das nannte man die Relatio ad Principem[18]. Dies Vorrecht wurde in der Praxis auch den Bischöfen — zum mindesten in wichtigen Fällen — zugebilligt, und es hatte den Damasus aus den blutigen Händen des Maximin gerettet[19]. Jetzt schlug die Synode vor, daß Prozesse gegen den

[17] Bd. 3, 200 f.

[18] Mommsen, Röm. Strafrecht 205. Cod. Theod. 9, 1, 13 2, 2 40, 10.

[19] Damas. ep. 6, 9. Umgekehrt bei Priscillian, Sulpic. Sever. Chron. 2, 50, 8.

Papst, die über die Kompetenz der geistlichen Gerichtsbarkeit hinausgingen, überhaupt nur vom Kaiser eingeleitet und entschieden werden möchten. Das hat Gratian doch nicht genehmigt, sondern die Antragsteller durch den Hinweis auf sein natürliches Gerechtigkeitsgefühl getröstet und versichert, er werde einen Bischof schon gegen böswillige Ankläger zu schützen wissen. Damit mußte sich Damasus zufrieden geben und Sorge tragen, daß der in Frage kommende Fall sich für ihn nicht wiederholte.

Inzwischen war die orientalische Kirchenpolitik durch die Thronbesteigung des Theodosius in ein neues Stadium getreten, und nach den ersten hoffnungsvollen Anfängen zeigten sich bald die bedenklichen Folgen der von Damasus betriebenen Politik der Gleichgültigkeit und des Hochmutes. Aber nun wurde diesem auch das Heft aus der Hand genommen durch eine ungleich stärkere Persönlichkeit, die zudem noch dem Kaiser Gratian als persönlicher Berater nahestand: das war Ambrosius. Als im Jahre 374 Auxentius in Mailand gestorben war, kam es natürlich zu heftigem Streit um die Nachfolge, und der in Mailand residierende Statthalter der Provinz Liguria-Aemilia, Ambrosius, betrat die Kirche, um Ruhe zu stiften. Da wurde der energische Regierungsbeamte, den das Volk schätzte und liebte, durch tumultuarischen Zuruf zum Bischof gewählt: er war noch Katechumen, wurde schnell getauft und am 7. Dezember 374 geweiht[20]. Es war im Abendland das erste Mal, daß ein Mitglied des hohen Beamtenadels — schon sein Vater war Praefectus Praetorio von Gallien gewesen — ein Bistum übernahm, und es hat tiefen Eindruck gemacht: der Mann selbst einen noch tieferen.

Wir haben gehört, wie noch zu Lebzeiten des Auxentius von seiten der Orthodoxie Oberitaliens der Versuch gemacht worden war, gegen den in Illyrien noch herrschenden „Arianismus" den Kaiser Valentinian scharf zu machen: das war nicht gelungen und es war nur zu kirchlichen Urteilen römischer Synoden gekommen[21]. Jetzt hatten die Nicaener in Ambrosius einen jungen

---

[20] Das Jahr ist durch Hieron. Chron. p. 247, 16 und 21 f. Helm gesichert.

[21] s. S. 12 f. 42 f.

und tatkräftigen Führer erhalten, der den Kampf ins Feindesland hineintrug und in Sirmium eine Synode von Gesinnungsgenossen veranstaltete, die sich mit Betonung zu den seinerzeit in Rom formulierten Sätzen bekannte, einige Bischöfe verurteilte und ihre Entscheidung den Brüdern in Asia, Phrygien und Karien mitteilte. Warum gerade diesen, erfahren wir nicht: wir wissen nur, daß in jener Gegend die Gegnerschaft gegen Nicaea besonders lebendig war. Und wir merkten wieder einmal, daß unsere Kenntnis der Zusammenhänge jener Zeit sehr lückenhaft und durch Zufälligkeiten der Überlieferung bedingt ist. Denn auch von der Synode zu Sirmium wissen wir nur durch die bei einem Kirchenhistoriker des fünften Jahrhunderts[22] erhaltenen, übrigens vielfach unverständlichen, Akten und eine gelegentliche Anspielung bei einem Zeitgenossen[23], die uns lehrt, daß Ambrosius dabei verantwortlich wirkte. Die Synode übergab ihre Beschlüsse dem Kaiser, und dieser schickte sie jetzt mit einem drohenden Schreiben den Kleinasiaten zu: aber es ist kaum glaublich, daß dieser Kaiser wirklich Valentinian I. gewesen sein soll, wie der Text behauptet; vermutlich haben wir eine spätere Verfügung Gratians vor uns, die zur Zeit der kirchenpolitischen Umstimmung des Valens[24], etwa gegen 377, leichter verständlich erscheint.

Valentinian starb am 17. November 375 an einem Schlaganfall, den sein unbeherrschter Jähzorn ausgelöst hatte. Wenige Tage danach wurde sein vierjähriges Söhnchen gleichen Namens zum Augustus ausgerufen. Die Folge davon war, daß sein älterer Bruder Gratian, den der Vater schon 367 zum Augustus ernannt hatte, als Vormund des Kleinen eintrat und auf diese Weise das ganze Abendland einschließlich des illyrischen, mazedonischen und griechischen Gebietes beherrschte. Der neue Herr war damals sechzehn Jahre alt und verehrte als seinen geistigen Führer den ihm vom Vater zum Erzieher bestellten Professor Ausonius aus

---

[22] Theodoret KG 4, 7, 6—11, 8. Dazu Campenhausen, Ambrosius S. 32—36. 93—95. J. Zeiller, Les origines chrét. dans les provinces Danubiennes (Bibl. des écoles franc. n. 102, 1918) p. 310—327.

[23] Maximin dissertatio 128 p. 87 Kauffmann.

[24] s. S. 22.

Bordeaux. Dieser war als Staatsbürger, Redner, Dichter und Christ von zeitgemäßer Korrektheit und ein gebildeter Mann, der seinem Zögling eben die Dinge achtungswert zu machen wußte, die dem kaiserlichen Vater fehlten. Noch von Trier aus, wo ihn die Nachricht vom Tode Valentinians getroffen hatte, versicherte der junge Kaiser den römischen Senat seines Wohlwollens in einer von Ausonius verfaßten Rede[25]. Bald danach wurden in der Diözese Gallien für die Professoren der Beredsamkeit und der klassischen Sprachen Jahresgehälter von Staats wegen bereit gestellt[26]. Um die gleiche Zeit[27] scheint auch ein Gesetz ergangen zu sein, welches die Konfiszierung häretischer Kultorte befiehlt, das aber von den Behörden nur mit geringem Eifer ausgeführt worden ist. Eine neue Periode der positiven Fürsorge für das kulturelle und kirchliche Leben schien anzubrechen, und die Härte des valentinianischen Regiments durch Milde und Humanität abgelöst zu werden. Der Geist des Ausonius schimmerte durch die kaiserlichen Worte und Taten: sein Name prangte bei der Konsulatsernennung für 379 neben dem eines Angehörigen der hohen Aristokratie — und seine Verwandten wurden samt und sonders in gute Stellen geschoben.

Als Valens bei Adrianopel gefallen war, ordnete Gratian im Herbst 378, wie wir bereits gesehen haben[28], durch eine vorläufige Maßnahme Kirchenfrieden für die meisten Parteien im unruhigen Osten an und ließ in Weiterführung des letzten von Valens verordneten Gnadenerlasses[29] die verbannten Bischöfe heimkehren. Theodosius gab seiner Kirche dann die klare Richtung auf das Nicaenum hin, die im Konstantinopeler Konzil von 381 ihre Besiegelung fand. Aber ehe der neue Herrscher seine Arbeit begann, traten im karischen Antiochia, das schon vor 11 Jahren der Schauplatz einer antinicaenischen Kundgebung[30] ge-

[25] Symmachus epist. 1, 13.
[26] Cod. Theod. 13, 3, 11.
[27] Cod. Theod. 16, 5, 4 vom Jahre 378 sagt „olim".
[28] s. o. S. 25.
[29] s. S. 22.
[30] s. S. 7.

wesen war, Bischöfe der einstigen Macedonianerpartei zusammen und sprachen sich in alter Unentwegtheit gegen das Homousios und für Homoiusios aus. Das war wohl die Antwort auf die Dekrete jener von Ambrosius inspirierten Synode zu Sirmium.

Im Westen hatte inzwischen der neue Mailänder Bischof Ambrosius seine Kräfte geprüft und gespürt, daß er zu einem Führer im kirchlichen Kampf berufen war. Als Kaiser Gratian dem Valens zu Hilfe ostwärts zog, hat ihm Ambrosius seine Aufwartung gemacht und ist mit dem Auftrag beehrt worden[31], für seine Majestät eine Zusammenstellung des christlichen Glaubens anzufertigen. Er hat sie ihm ins Feld nachgeschickt — es sind die beiden ersten Bücher de fide — und am Ende des Büchleins darauf hingewiesen, daß der Einbruch der Goten in jene Gebiete südlich der Donau als die gottgewollte Strafe für die dort herrschende arianische Ketzerei angesehen werden müsse[32]. Ende Juli 379 traf Gratian wieder in Mailand ein und hat zweifellos dem Ambrosius zu theologischen Gesprächen Audienzen gewährt. Das Ergebnis war ein am 3. August unterzeichnetes Gesetz, welches den toleranten Erlaß von Sirmium ausdrücklich aufhob und jeglichen ketzerischen Kult außerhalb der katholischen Kirche untersagte[33].

Persönlich hatte Ambrosius schon vorher in der Gunst des Kaisers gestanden und war von diesem gegen gerichtliche Angriffe durch ein starkes Vertrauensvotum geschützt worden[34]. Jetzt hatte er den jungen Herrscher auch für seine Kirchenpolitik gewonnen und konnte mit gesammelter Kraft und gesteigerter Aussicht auf Erfolg darangehen, die arianische Ketzerei in Oberitalien und Illyrien auszurotten. Das erschien ihm ebensowohl eine kirchliche wie eine politische Notwendigkeit. Denn der Gegensatz der Arianer zur nicaenischen Reichskirche mußte die Illyrier, also die Bewohner des zur Zeit am meisten gefährdeten Gebiets, den gotischen Glaubensgenossen entgegenführen, und das

---

[31] Ambr. de fide 1 prol. 3.
[32] Ambr. de fide 2, 16, 139—141.
[33] Cod. Theod. 16, 5, 5.
[34] Ambros. ep. 1, 2 Maximin diss. 84.

ist anscheinend auch manchmal bedrohlich in die Erscheinung getreten[35]. Die erste Aktion in Sirmium haben wir kennengelernt. Jetzt folgte eine grimmige literarische Fehde mit dem Bischof Palladius von Ratiaria (Artscher am Donaubogen unterhalb Vidin in Bulgarien), den Ambrosius in jener dem Kaiser gewidmeten Schrift vom Glauben als arianischen Häuptling mit Namen genannt hatte[36]. Der Angegriffene wehrte sich und sparte auch nicht mit persönlichen Vorwürfen[37], woraufhin Ambrosius dem Kaiser die Fortsetzung seiner Polemik gegen den Arianismus in Gestalt von drei weiteren Büchern (III—V) „vom Glauben" zusandte[38]. Wirkungsvoller war der Widerstand des von Ambrosius geführten oberitalienischen Episkopats gegen ein Urteil des Damasus, das den abgesetzten Bischof Leontius von Salona rehabilitierte. Man ließ sich das einfach nicht gefallen, und der des Arianismus verdächtigte Salonitaner blieb für die Oberitaliener ein verdammter Ketzer[39].

Da starb der arianische Bischof der Hauptstadt Sirmium, und es gelang dem persönlichen Einsatz des Ambrosius, trotz des leidenschaftlichen Widerstandes der Kaiserin-Witwe Justina, seinen Kandidaten, den Nicaener Anemius, auf den Thron zu heben[40]. Aber die Opposition war stark genug, um Gratian Sorge zu bereiten, denn noch war die Gotengefahr keineswegs beseitigt. So entschloß er sich denn, den bedrängten Illyriern ein allgemeines Reichskonzil in Aussicht zu stellen, zu dem auch die Orientalen eingeladen werden sollten: Aquileia war zum Ort der Tagung bestimmt. Es scheint, als ob auch Theodosius in der damaligen Lage eine gemeinsame Kirchenversammlung für nützlich angesehen hat. Die illyrischen „Arianer" mit Palladius an der Spitze waren glücklich, denn sie durften mit Recht auf eine Unterstützung ihrer Sache durch die zahlreichen Gesinnungsgenossen aus

[35] Maxim. diss. 13 Coll. Avell. 39, 4 Ambr. ep. 10, 9 f. de fide 2, 16, 140—141.

[36] Ambr. de fide 1, 6, 45.

[37] Reste bei Maxim. diss. 82. 84—87, besonders 84.

[38] Ambr. de fide 3, 1, 1 f.

[39] Maximin. diss. 125—128, s. u. S. 53 f.

[40] Paulinus Vita Ambr. 11.

dem Osten hoffen, denen die theologische Unbestimmtheit der Einigungsformeln von Rimini und Seleukia noch immer die liebste und bequemste Lösung schien.

Aber die Führer der Nicaener im Osten und im Westen erkannten schnell die Gefahr und hatten genügend großen politischen Einfluß, um sie zu bannen. Theodosius folgte dem Rat des Meletius und berief ein eigenes Konzil des Orients von betont nicaenischem Charakter in seine Hauptstadt. Gratian ließ sich von Ambrosius bestimmen, die Synode von Aquileia zu einer rein oberitalienischen Angelegenheit zu machen und auf weitere Einladungen zu verzichten.

Palladius holte sich erst noch einmal bei Gratian persönlich in Sirmium die Zusage, daß die Orientalen eingeladen seien und reiste dann mit seinem Freunde Secundianus (vielleicht Bischof von Singidunum = Belgrad) nach Aquileia — wo er mit Schrekken merkte, daß man ihn betrogen hatte. Es waren nur ein Dutzend Oberitaliener und fünf Südgallier gekommen, dazu zwei Deputierte aus Afrika und vier zuverlässig nicaenische Illyrier unter Führung jenes Anemius von Sirmium, den Ambrosius kürzlich selbst eingesetzt hatte. Die klügeren Illyrier waren ausgeblieben. Palladius ließ sich in seiner etwas einfältigen Ehrlichkeit trotz alledem auf Verhandlungen ein und geriet, ehe er es merkte, in die Rolle des Angeklagten, dem Ambrosius mit raffinierter Geschicklichkeit den Strick um den Hals legte. Wir haben die Akten dieser Verhandlung[41], so wie sie Ambrosius protokollieren ließ, zum größten Teil erhalten, und sie geben ein lebendiges Bild von der empörenden Ungerechtigkeit dieses Ketzerprozesses. Am Ende werden die beiden Bösewichter Palladius und Secundianus trotz aller ihrer Proteste gegen das Verfahren feierlich als Arianer verdammt.

Das Konzil berichtete sofort in einem schwülstigen Schreiben[42] an den Kaiser und erbittet seine Unterstützung zur Durch-

---

[41] bei Ambrosius hinter epist. 8 (opera 2, 786—805). Labbé Concilia 2, 979—992. Dazu jetzt Kauffmann diss. Maxim. S. 39—63. Der Schlußteil der Akten ist verlorengegangen. Datum 3. Sept. 381.

[42] Ambr. ep. 10.

führung des Absetzungsurteils und der Einsetzung orthodoxer Nachfolger. Sodann denunziert es aber noch einen besonders gefährlichen „illyrischen" Bischof namens Julianus Valens, der von seiner Gemeinde in Pettau angeblich wegen Vaterlandsverrats vertrieben sich mit den Goten verbrüdert habe und jetzt von Mailand aus arianische Agitation in Italien treibe, unerlaubterweise Gesinnungsgenossen zu Bischöfen weihe und so eine Partei um sich schare. Übrigens wird auch um Unterdrückung einer noch immer vorhandenen Photinianergemeinde in Sirmium gebeten.

Die kaiserliche Zustimmung erfolgte, und der Praefectus Praetorio Syagrius ging scharf gegen die verurteilten Arianer vor[43]. Es half dem Palladius nichts, daß er eine Protestschrift gegen Ambrosius[44] veröffentlichte, in der er sogar ein vierzigtägiges Religionsgespräch vor dem römischen Senat in Gegenwart von bibelkundigen Christen, Heiden und Juden forderte. Schließlich versuchten die beiden Illyrier durch Vermittlung des Gotenbischofs Wulfila eine Audienz bei Theodosius in Konstantinopel zu erlangen[45], aber ihr Beschützer starb kurz nach seinem Eintreffen in der Hauptstadt, und die Hoffnung auf eine freie theologische Aussprache inmitten einer synodalen Versammlung schlug auch fehl[46]. Nicaea siegte im Osten wie im Westen auf der ganzen Linie, und die entrüstete Streitschrift eines sonst unbekannten Bischofs Maximin konnte diese Tatsache nur beklagen, aber nicht ändern.

Aber es war nicht nur das nicaenische Bekenntnis, das sich in Aquileia durchsetzte, es war mindestens ebensosehr die Persönlichkeit des Ambrosius. Denn noch ein anderer „Illyrier", der Bischof Leontius von Salona, wurde auf derselben Synode endgültig seines Amtes enthoben. Er war schon einmal, offenbar wegen seiner mangelhaften theologischen Haltung, durch ein von Ambrosius geleitetes oberitalienisches Konzil verurteilt worden. Damasus selbst hatte ihn vor dieses geistliche Gericht verwiesen.

---

[43] Max. diss. 121.
[44] Reste bei Maxim. diss. 81—140.
[45] Maxim. diss. 41.
[46] Maxim. diss. 71—73, vgl. Socr. 5, 10 Sozom. 7, 12.

Nun wendete sich der Verfolgte wieder nach Rom und hatte das Glück, dort für rechtgläubig befunden zu werden. Freudig kam er nach Aquileia und hoffte auf eine Revision jener früheren Verurteilung. Ambrosius blieb unerbittlich, dem Spruch des Damasus zum Trotz[47]. Wenn es ihm paßte, rühmte er die römische Autorität und las sogar persönlich drei Briefe des Damasus der Versammlung vor[48]. Aber von seinem Ziel der Eroberung Illyriens für den nicaenischen Glauben und die Autorität des Mailänder Stuhles ließ er sich nicht um Haaresbreite abbringen. Dafür tat er denn dem Damasus auf einem andern Gebiet einen Gefallen, indem er die Synode veranlaßte, sich mit der ausführlich motivierten Bitte um scharfes Vorgehen gegen den Ränkeschmied Ursinus an den Kaiser zu wenden[49]. Bei der Gelegenheit erfahren wir übrigens, daß der römische Gegenbischof sich auch in Mailand gemeinsam mit jenem Julianus Valens dem Ambrosius als gefährlich erwiesen hat.

Noch eine dritte Aktion wurde vom Konzil zu Aquileia unternommen, und diese erwies sich als die wichtigste, weil sie dem Ambrosius Veranlassung gab, die Führung der Orientpolitik den Händen des Damasus zu entreißen und sich selbst zum Sprecher des Abendlandes zu machen. Eines Tages erschien in Aquileia ein seltsamer und nicht unbedingt willkommener Gast, nämlich jener von Damasus bereits als unmögliche Person abgelehnte und nun auch aus Ägypten verwiesene Maximus[50], den man vor einem Jahre als Bewerber um den Konstantinopeler Bischofsthron gegen Gregor von Nazianz ausgespielt hatte. Er wollte sich die Scheineinladung der Orientalen nach Aquileia zunutze machen und war zu diesem „Generalkonzil“ gekommen, um hier seine Ansprüche auf den hauptstädtischen Sitz bestätigen zu lassen. Er bewies seine Gemeinschaft mit Petrus von Alexandrien und die Rechtmäßigkeit seiner Ordination und wurde vom Konzil als orthodoxer Bischof anerkannt[51].

---

[47] Maxim. diss. 125—126.
[48] Maxim. diss. 122.
[49] Ambr. epist. 11 „provisum“.
[50] s. o. S. 30. [51] Ambr. ep. 13, 3—5.

Inzwischen waren genauere Nachrichten über das Ergebnis des Konstantinopeler Konzils in Aquileia eingetroffen, und Ambrosius beschloß, den Kampf gegen die siegreiche Gruppe der Orientalen zu eröffnen. Ein Synodalschreiben[52] an die Kaiser, d. h. in erster Linie an Theodosius gerichtet, bringt die Sorge der Abendländer um den im Osten entstandenen Unfrieden der im Glauben nun geeinten Katholiken zum Ausdruck. Die Frage der Nichtanerkennung des Paulinus in Antiochia bewegt die Gemüter der in Aquileia Versammelten, und sie schlagen ein allgemeines Reichskonzil in Alexandria zur Schlichtung der Streitigkeiten vor. Daß diese Schlichtung bereits im Sommer einseitig von den Orientalen in Konstantinopel vorgenommen war — das hat ja gerade den Anlaß zu diesem Brief gegeben —, wird mit keiner Silbe erwähnt, und nur eine Wendung gibt der Verstimmung darüber Ausdruck, daß die Synode der Reichshauptstadt ihre Beschlüsse dem Abendland überhaupt nicht amtlich mitgeteilt hat. Es wird nämlich die Bitte ausgesprochen, daß die Kaiser die Beschlüsse des beantragten Konzils bestätigen und dem Westen zur Kenntnis bringen möchten. Feierlich wird darauf hingewiesen, daß auch die Kirchen von Afrika und Gallien durch ihre Gesandten sich diesem Wunsche anschlössen. Kein Wort über die Wahl des Flavian und ebensowenig über die des Nektarius: man tut, als wisse man nichts davon; und auch Maximus bleibt unerwähnt.

Aber Theodosius verstand sehr wohl, was gemeint war, und konnte sich übrigens von Nektarius jederzeit über dunkle Punkte aufklären lassen. Ein Reichskonzil in Alexandria wäre so ziemlich das Letzte gewesen, auf das man im theodosianischen Orient hätte verfallen können. Andrerseits war die Opposition der Abendländer recht unerwünscht und geeignet, das Einigungswerk auch des Ostens zu hintertreiben: also mußte etwas geschehen. Theodosius lud zur Erledigung dieser Sache für den Sommer 382 die Teilnehmer des eben abgelaufenen Konzils wiederum nach Konstantinopel ein[53].

---

[52] Ambr. ep. 12 Quamlibet.

[53] Theod. KG 5, 8, 10 vgl. Greg. Naz. epist. 130. 132. Synodal-

Da mußte Ambrosius erkennen, daß seine Hoffnungen zu scheitern drohten und entschloß sich, einen letzten harten Schlag zu tun. Er veranlaßte eine italienisch-abendländische Synode in Rom — Damasus mußte mittun, ob er wollte oder nicht — und richtete in deren Namen ein Schreiben[54] an Theodosius, welches der gerade zusammentretenden Konstantinopeler Synode mit derber Deutlichkeit die Meinung sagte. Paulinus sei der rechtmäßige Bischof von Antiochia, nicht der unkanonisch dorthin gesetzte Mann, dessen Namen gar nicht genannt wird. Die Wahl des Rektarius wird als ungültig bezeichnet und in vollem Ernst der Schwindler Maximus als rechtmäßiger Inhaber des hauptstädtischen Thrones bezeichnet. Im vorigen Jahre habe man auf dem angeblichen Generalkonzil vorschnell entschieden: das Abendland habe ein Recht darauf, seine Meinung über Maximus in die Waagschale zu werfen. Jetzt fordere es Anerkennung dieses Kandidaten oder Entscheidung des Falles auf einem von Ost und West beschickten Konzil in Rom. Sonst sei nicht einzusehen, wie noch Kirchengemeinschaft zwischen beiden Reichsteilen bestehen könne.

Das war ein Ultimatum, welches praktisch glatte Unterwerfung unter das Diktat des Ambrosius verlangte. Dem Konstantinopeler Konzil wurde dies Schreiben vom Kaiser vorgelegt, und es erteilte darauf eine sehr ruhige Antwort[55], in der mit eleganten Wendungen die im ambrosianischen Brief angebrachten Spitzen abgewehrt oder vergolten werden. Zur Sache wurde bemerkt, daß man zum Zeichen des guten Willens drei Bischöfe als Deputierte nach Rom sende. Die Wahlen des Nektarius für Konstantinopel und des Flavian für Antiochia seien nach den Vorschriften der Nicaenischen Kanones erfolgt, von der Synode gebilligt und nicht zu beanstanden, ebenso wie die (den Abendländern völlig gleichgültige) des Kyrill für Jerusalem. Der Glaube

---

brief von Konstantinopel bei Theod. KG 5, 9, 9 p. 291, 9—12 Parmentier.

[54] Ambr. epist. 13 Sanctum. Die Reihenfolge der Ereignisse hat E. Schwartz ZNW 1935, 207—210 aufgeklärt.

[55] Theod. KG 5, 9, 1—18.

der orientalischen Kirche sei einhellig bestimmt durch das Nicaenum, die Anerkennung der drei Hypostasen, des Homousios und der Vollständigkeit des Menschentums des Herrn — was übrigens alles ausführlich in dem Bekenntnis von Antiochia (das Meletius 379 formuliert hatte!)[56] und dem der vorjährigen Konstantinopeler Synode zu lesen stehe. Mit keinem Wort wird des Paulinus und des Maximus gedacht, von einem Bruch der Gemeinschaft zwischen Osten und Westen weiß die Synode nicht das Geringste, alles ist Einheit, Liebe und Friede, und am Schluß werden die Abendländer gar noch aufgefordert, sich darüber zu freuen, daß im Osten alles so schön ordentlich zugehe und darauf hingewiesen, daß die Furcht des Herrn alle parteiischen Neigungen hinter dem Willen zum Aufbau der Kirchen zurückzudrängen vermöge.

Diese mit überlegenem Hohn geblasenen sanften Flötentöne begleitete aber ein aus dem kaiserlichen Kabinett des Theodosius entsandtes allerhöchstes Donnerwetter[57]. Die Einladung der Orientalen nach Rom sei nicht nur eine unvernünftige Forderung, sondern geradezu beleidigend und versuche, die von den Vätern wohlweislich gesetzten Grenzsteine zwischen Ost und West aus dem Boden zu reißen. Damit gehe man weit über die Rechte hinaus, die durch traditionelle kirchliche Gemeinschaft begründet werden könnten und verfolge Sonderinteressen des Westens.

Ambrosius antwortete darauf im Namen der römischen Synode kleinlaut und gekränkt[58]. Die kaiserlichen Vorwürfe werden als unzutreffend bezeichnet. Alles sei nur aus Liebe zur Eintracht geschehen. Man habe den Bruch mit dem Osten vermeiden wollen und bereue den Versuch nicht. Jedenfalls könne jetzt nicht mehr behauptet werden, das Abendland habe kein Interesse an der Gemeinschaft mit den Orientalen. Und überhaupt sei die wesentliche Absicht der ganzen Aktion eine Untersuchung gegen den Irrlehrer Apollinaris gewesen. „Wir wahren die Eurer Ma-

[56] s. S. 27.
[57] Aus Ambr. ep. 14 zu erschließen.
[58] Ambr. ep. 14 Fidei.

jestät geschuldete Ehrerbietung und erweisen unsere Liebe zu Frieden und Ruhe."

Damit war der Kampf im Haupttreffen beendigt, da die beiden Kaiser keine Lust hatten, ihn zum Gegenstand einer politischen Auseinandersetzung zu machen; aber das Feuer glimmte weiter und schlug bei Gelegenheit wieder hell auf. Die Ansprüche des Westens hatten in Ambrosius einen Verfechter gefunden, der dem Damasus an Zähigkeit und an Einfluß weit überlegen war, der aber auch die politischen Möglichkeiten richtig einzuschätzen lernte und aus den gemachten Erfahrungen die Folgerung künftiger Mäßigung in orientalischen Fragen zog. Er sah ein, daß ein voller Sieg über den Osten nicht möglich war, und kleine Vorteile lohnten ihm nicht den Einsatz.

4. Ambrosius und Theodosius

Der Beherrscher des Abendlandes, Gratian, war 379 zwanzig Jahre alt geworden und hatte die vortrefflichen Anlagen seines Körpers und seines Geistes gleichmäßig gut entwickelt. Er konnte Gedichte machen und schulmäßig fechten, Reden halten und Bogenschießen, war ein frommer und für theologische Fragen aufgeschlossener Christ und ein anständiger Mensch, der sogar die eheliche Treue hielt[1]. Aber er war faul und ohne Pflichtgefühl. Das Regieren überließ er seinen Beamten und widmete sich ausschließlich seinem über alles geliebten Sport des Bogenschießens, den er in Gemeinschaft mit einer aus Alanen bestehenden Leibwache betrieb. So war die Betreuung der geistigen Kultur seinem alten Lehrer Ausonius anheimgestellt, der von einem Amt zum andern emporstieg. Der Religions- und Kirchenpolitik gab Ambrosius die entscheidenden Anstöße, und damit ist ihre Richtung eindeutig gekennzeichnet: wir haben das bereits erfahren[2]. Und wenn auch die Sonderansprüche der Kirchen beider Reichsteile vielfach gegeneinander standen, so durfte sich Gratian in der Frontstellung gegen das Heidentum mit Theodosius eins wissen, wenn er den Fingerzeigen des Ambrosius folgte.

Die Inschriften bestätigen das Zeugnis eines alten Historikers[3], daß Gratian den Titel eines Pontifex Maximus abgelegt habe und lehren darüber hinaus, daß er es mit Theodosius gemeinsam getan hat: von nun an verschwindet diese Amtsbezeichnung aus der kaiserlichen Titulatur. Dieser Entschluß war aber mehr als eine Formalität: er bedeutete die Aufhebung der staatlichen Fürsorge für den heidnischen Kult. Denn trotz aller Kultverbote war bisher doch in Rom eine Fülle staatlicher Geldleistungen nach altem Brauch unbeanstandet weiter an physische

---

[1] Quellen gibt Seeck bei Pauly-Wissowa 7, 1832.

[2] s. S. 50.

[3] Zosimos 4, 36, 5.

oder juristische Personen gezahlt worden, die Träger des heidnischen, d. h. staatlichen, Kulturwesens waren. Das hörte jetzt mit einem Schlage auf[4], und damit war dem Heidentum der letzte Rest von Glanz genommen: es konnte nur noch als private Überzeugung existieren, nicht mehr öffentlich in die Erscheinung treten.

Zum weiteren Zeichen dieser Feindseligkeit gegen jede Repräsentation heidnischer Überlieferung wurde der Altar der Victoria wieder aus dem Senatssaal entfernt — wie einst unter Konstantius[5]. Die römische Aristokratie war empört und wollte eine Deputation des Senates zum Kaiser schicken: aber Damasus sammelte Unterschriften christlicher Senatoren für eine Gegenwirkung und Ambrosius verhinderte den Empfang der Abgesandten[6].

Während so das letzte in Rom noch vorhandene Band zwischen dem Staat und seinen alten Kulten zerschnitten wurde, mühten sich beide Kaiser gemeinsam um die Förderung der kirchlichen Vorrechte: das im Mai 383 erlassene Verbot des Abfalls vom Christentum war ein weiterer Schritt in der Richtung auf die Alleinherrschaft der Staatskirche[7]. Als Theodosius einen Monat später die Komödie eines Religionsgesprächs mit den Häretikern plante und in verkümmerter Form auch ausführte, wurde selbstverständlich der nicaenische Glaube als der allein rechte anerkannt: aber es war doch nützlich für die Bischöfe zu sehen, wie unbefangen der Kaiser die letzte Entscheidung über theologische Fragen für sich und sein Amt in Anspruch nahm[8]. Das war die andere Seite des im Osten herrschenden Staatskirchentums.

Inzwischen türmte sich seit dem Frühling 383 im Westen ein Gewitter auf, das der fröhlichen Spielerei Gratians ein blutiges

---

[4] Aufzählung der einzelnen Maßnahmen bei Seeck, Untergang 5, 186. 508 und Pauly-Wissowa 7, 1838 nach Ambr. epist. 17. 18 und Symmach. relatio 3.

[5] s. Bd. 3, 237.

[6] Ambros. epist. 17, 10 Symmachus relatio 1. 20.

[7] s. S. 36.

[8] Socrates 5, 10.

Ende bereiten sollte. Die von ihrem Kaiser vernachlässigten Truppen Britanniens empörten sich und riefen ihren General Maximus[9], einen geborenen Spanier und vielleicht entfernten Verwandten des Theodosius, zum Kaiser aus. Gallien schloß sich an, und als Gratian bei Paris seine Krone verteidigen wollte, ließen ihn seine Truppen im Stich. In Lyon wurde er am 25. August 383 von dem Magister equitum Andragathius erschlagen.

Nun war Maximus Herr im Westen: aber in Mailand saß noch der jüngere Bruder des Toten, der zwölfjährige Valentinian II. Sein Erbteil wurde von dem fränkischen General Bauto geschützt, der durch rechtzeitige Besetzung der Alpenpässe Italien gegen einen Einbruch des Usurpators deckte. Beide Teile fanden es zweckmäßig, den Weg der Verhandlung zu beschreiten, und während in Mailand der Comes Victor den Valentinian zu einer Reise nach Trier zu bewegen versuchte, bemühte sich Ambrosius am Hofe des Maximus, für seinen jungen Kaiser tragbare Friedensbedingungen zu erwirken. Es kam zu einem vorläufigen Abkommen, welches dem Valentinian genügen mußte, da Theodosius sich zurückhielt und sogar den Maximus anerkannte. Aber die nächste Zeit brachte eine zunehmende Festigung der nun einmal bestehenden Verhältnisse, zumal seit Valentinian zu geringer Freude des Maximus sich enger an Theodosius anzulehnen beschloß, das heißt tatsächlich: seit der Knabe in ihm seinen Vormund sah und auch wirklich fand. Maximus hätte es lieber gesehen, wenn Valentinian sich als guter Sohn unter seinen väterlichen Schutz gestellt hätte[10]. Ambrosius hat sicherlich diese östliche Orientierung der italienischen Politik kräftig betrieben: er widmet um diese Zeit[11] seine theologische Apologie Davids dem Kaiser Theodosius. So gab es fünf Jahre lang Frieden zwischen den drei Reichsteilen: die Kirchengeschichte wurde in dieser Zeit durch neue Erfahrungen bereichert.

In Spanien kam unter Maximus die priscillianische Sache zum tragischen Abschluß ihres ersten Aktes. Dieses Land hatte

---

[9] Enßlin bei Pauly-Wissowa 14, 2546—2555.

[10] Ambr. epist. 24, 7.

[11] Zur Datierung vgl. v. Campenhausen, Ambrosius S. 184 ff.

damals und hat noch Jahrhunderte hindurch dem theologischen Leben des übrigen Abendlandes ferngestanden: hier blieb alles beim alten, und weder die Bischöfe noch ihre Gemeinden ließen sich durch die Problematik und die Gelehrsamkeit der großen Welt aus der Ruhe bringen. Aber vereinzelt glimmte doch einmal ein Funke kräftigen Lebens auf und zündete: das gab dann ein großes Aufsehn.

Nicht weit von Cordoba lebte ein Mann aus vornehmer und reich begüterter Familie namens Priscillianus. Er verband mit einer feinen weltlichen Bildung einen tiefen relgiösen Ernst, der ihn zu Weltverachtung und Askese trieb[12]. So wurde er der beredte und begeisterte Prophet einer Erweckungsbewegung, die in einer Zeit steigender Verweltlichung der Kirche sich wieder auf die Stimmung der Urchristenheit besann und den unüberbrückbaren Gegensatz zwischen Geist und Fleisch, zwischen dem Leben im göttlichen Licht und der Hingabe an die Mächte der Finsternis neu empfand. Die Briefe des Apostels Paulus wurden die unerschöpfliche Quelle eines asketischen Radikalismus, und Priscillian schrieb für seine Leute eine Zusammenstellung der paulinischen Leitgedanken in 92 „Kanones", die er durch Verweise auf die einzelnen Briefstellen belegte. Zum Zweck des leichten Zitierens hat er die Briefe in durchlaufende Abschnitte geteilt — und wir haben noch heute Bibeln erhalten, die mit den priscillianischen Paragraphenzahlen und den Kanones ausgestattet sind[13]. Seit 50 Jahren besitzen wir auch eine Anzahl kleinerer Traktate dieses Mannes[14] und können uns dadurch ein Bild seines Denkens und Wollens machen, das nicht durch die Übersichtigkeit der Ketzerrichter entstellt ist.

---

[12] Sulp. Sev. Chron. 2, 46. Priscill. tract. 1, 2. 1, 15 p. 4, 9 14, 12 ed. Schepß.

[13] Novum Test. Latine ed. Wordsworth et White 2, 7—32. 45 ff. und p. 109—147. 169—174 ed. Schepß.

[14] Ich würde gern der These von G. Morin (Rev. Bénéd. 1913, 153—173) zustimmen, der Instantius für den Verfasser der Traktate hält. Aber p. 4, 8—14 redet ein Laie aus vornehmer Familie im Bewußtsein einer guten Bildung von seiner ganz persönlichen Bekehrung: das ist doch wohl Priscillian, vgl. Sulp. Sev. Chron. 2, 46, 3.

Ihm kommt es auf vollständige Abkehr von den Lastern dieser Welt an: die „Werke des Fleisches“ kennzeichnen den „ersten Menschen von der Erde, von Lehm“ (1. Kor. 15, 47), der „zweite Mensch vom Himmel“ offenbart die „Werke des Geistes“ und macht uns durch seine Einwohnung zum Tempel Gottes[15]. In drei Stufen vollzieht sich die Neuformung des Menschen: das Werk der Welt in uns wird zerstört, indem die Keuschheit die im Fleisch wohnenden irdischen Begierden züchtigt; die Seele kehrt zu ihrer göttlichen Art zurück, wenn sie über die götzendienerischen Laster irdischer Zu- und Umstände durch den Geist sich belehren läßt; und zum dritten: Gott wohnt in dem Menschen und ist täglich Zeuge und Richter seines Verhaltens. Wer sollte sich da nicht scheuen, das Todesurteil zu empfangen, statt durch Abwendung von den Werken des Fleisches Anteil an der göttlichen Natur zu gewinnen?[16] Wer den höchsten Preis erlangen will, der muß dem biblischen Rat folgen und von Eltern und Kindern, Gaben und Würden, ja von der eigenen Seele sich scheiden und Gott mehr lieben als die Welt, wenn auch Gottes verzeihende Gnade denen nicht versagt wird, die auf dem zweiten oder dritten Platz unter Gottes Nachsicht oder Befehl zu leben sich begnügen[17]. Gemeinsam ist allen der Kampf gegen die Welt des Fleisches, des Irdischen, der Finsternis: aber die vollkommenen Söhne Gottes freien nicht und lassen sich nicht freien, zeugen nicht und werden nicht gezeugt, sondern sind den Engeln Gottes gleich[18].

Das wird immer und immer wieder in endlos langen Perioden und einer von Bibelsprüchen genährten Sprache vorgetragen und mit theologischen Ausführungen verbunden, die mehr andeutend als ausführend kaum je zu begrifflicher Klarheit gelangen. Die im Osten geleistete Denkarbeit und die deutliche, wenn auch robustere Formensprache von Afrika und Rom ist nicht bis zu diesem spanischen Prediger gedrungen. Es hat ihm nichts ge-

---

[15] Prisc. tract. 1, 24 f. p. 21 Sch.
[16] Prisc. tract. 6, 92—93 p. 70 f. 7, 113 p. 83.
[17] Prisc. tract. 2, 43 p. 36.
[18] Prisc. tract. 6 p. 81, 14.

holfen, daß er Cyprian und Hilarius gelesen hat: er ringt mühselig allein um Form und Inhalt. Neben der Bibel sind ihm allerlei apokryphe Schriften in die Hände gefallen, die er mit Neugier gelesen hat und denen er gelegentlich Arabesken entnimmt, um seine Gedankengänge damit zu umranken. Und er verteidigt mit guten Gründen das Recht des gereiften Christen, auch solche, zum Teil in der Bibel selbst zitierte, Bücher zu lesen[19].

Priscillian lebte der Welt vor, was er lehrte, und seine Persönlichkeit warb sogar in den Kreisen der Vornehmen zahlreiche Anhänger des asketischen Ideals: sogar zwei Bischöfe, Instantius und Salvian, schlossen sich seiner Gemeinschaft an; später folgte Hyginus von Cordoba diesem Beispiel und auch Symposius von Astorga stand der Bewegung freundlich gegenüber. Vor allem waren es die Frauen, die sich mit Leidenschaft der heilbringenden Weltverneinung ergaben.

Als erster griff, durch eine Anzeige aufmerksam gemacht, Bischof Ydacius von Merida, der Hauptstadt der benachbarten Provinz Lusitania, ein und warf „in maßloser Streitsucht" „die Brandfackel in das schwälende Feuer". Er setzte ein Gutachten[20] über die Lebensführung der Priscillianisten auf, und nach langem Hin und Her kam es zu einer Synode in Saragossa (Caesaraugusta), auf der sich spanische und aquitanische Bischöfe zusammenfanden. Ihre vom 4. Oktober 380 datierten Beschlüsse sind uns erhalten[21] und zeigen, was man beanstandete. Priscillian ist sich bewußt, das altchristliche Amt des „Lehrers" zu erneuern und führt diesen Titel[22]. In seinen Andachtsübungen versammeln sich Männer und Frauen gemeinsam. In der dreiwöchigen Vorbereitungszeit auf Epiphanie und der Quadragesima vor Ostern ziehen sich die Konventikler in die Einsamkeit ihrer Häuser oder aufs Land oder gar ins Gebirge zurück, fasten dort und erbauen sich in eigenen Versammlungen, aber kommen nicht in die Kirche.

---

[19] Prisc. tract. 3 p. 44—56: vgl. das Fragment p. 153, 11—18 und das Referat des Orosius.

[20] Prisc. tract. 2 p. 35, 20.

[21] Bruns, Canones 2, 13 Lauchert p. 175 (wo das Jahr fehlt).

[22] Conc. can. 7 vgl. Prisc. can. 39. 48.

Das alles verurteilt die Synode, aber weder über einzelne Personen noch über ketzerische Lehren wurde das Anathem gesprochen. Priscillian und seine Anhänger waren nicht erschienen und Damasus von Rom, den man zur Stellungnahme aufgefordert hatte, warnte vor einem Verfahren gegen Abwesende ohne Verhör[23].

Nun ging der Kampf in verschärfter Form weiter. Priscillian, der bis dahin Laie gewesen war, wurde von seinen Freunden zum Bischof von Avila[24] in der Provinz Lusitania geweiht. Nun erhoben seine Gegner die Anklage auf Ketzerei. Bischof Ithacius von Ossonoba (dem heutigen Faro östlich vom Kap S. Vincent) wies ihnen alle möglichen häretischen Greuel nach und machte ihnen insbesondere Sternkult, gnostischen Dämonenglauben und Manichäismus zum Vorwurf[25]. Dies letzte war das Gefährlichste und zugleich eine leichte Sache: man brauchte nur den von Priscillian mit Leidenschaft vorgetragenen paulinisch-johanneischen Gegensatz zwischen Gottesgeist und Weltgesinnung metaphysisch als Widerstreit zwischen zwei „Prinzipien" aufzufassen und hatte die Grundthese des Manichäismus in der Hand. Immer wieder hat man im Verlauf der Kirchengeschichte sich dieses Mittels bedient, um einen unbequemen Mahner anzuprangern.

Es waren die schlechtesten Elemente des spanischen Episkopats, die gegen Priscillian in vorderster Front standen. Ithacius wird als ein schamloser und sittlich verkommener Schwätzer bezeichnet und Ydacius von seinem eigenen Presbyterium in Anklagezustand versetzt, und sein Lebenswandel kam weithin im Lande in üblen Ruf[26]. Die literarische Verteidigung Priscillians[27] konnte natürlich gegen solche Feinde nichts helfen, und bald mußte er erfahren, daß auf Veranlassung des Ydacius ein Ma-

---

23 Prisc. tract. 2 p. 35, 17. 23 40, 7 gegen Sulp. Sev. Chron 2, 47, 2 f.

24 Zwischen Madrid und Salamanca.

25 Nach Priscillians Apologie tract. 1 vgl. p. 23, 24. Zusammenstellung bei E. Ch. Babut, Priscillien (Paris 1909) p. 144.

26 Sulp. Sev. Chron. 2, 50, 2: Prisc. tract. 2 p. 39, 24 ff.

27 Prisc. tract. 1; tract 2 ist die Eingabe an Damasus.

nichäeredikt Gratians von den Provinzialbeamten gegen ihn und seine bischöflichen Freunde angewendet wurde. Sie mußten ihre Sitze verlassen und wanderten nach Italien, um bei Damasus und Ambrosius Schutz gegen die Gewalttat des weltlichen Armes[28] zu suchen: vergebens, denn beide Kirchenfürsten zeigten den verdächtigen Bittstellern die kalte Schulter. Da wendeten sie sich an den Polizeiminister Macedonius und erreichten ohne Schwierigkeit die Zurücknahme ihrer staatlichen Maßregelung. Sie kehrten in ihre Ämter zurück, und der spanische Prokonsul Volventius wurde sogar angewiesen, gegen ihre Ankläger als Störer des Kirchenfriedens vorzugehen. Ithacius floh nach Gallien, und nun gab es einen lebhaften Kompetenzkampf der Behörden, bis plötzlich die Erhebung des Maximus die Lage völlig veränderte.

Der Usurpator legte Wert darauf, seine kirchliche Korrektheit leuchten zu lassen und ordnete eine Untersuchung der priscillianischen Sache auf einer Synode in Bordeaux an. Hier wurde Instantius abgesetzt; Priscillian aber entzog sich der Verhandlung und appellierte an den Kaiser. Nun zogen Kläger und Beklagte nach Trier, und vergebens versuchte der hl. Martin von Tours, der als Asket gleichfalls von den spanischen Ketzerrichtern beschimpft wurde, den Skandal zu verhindern und das Urteil einem kirchlichen Gericht überweisen zu lassen. Maximus ließ sich von den Hetzern überreden, und der inquisitorischen Technik des Präfekten Euodius gelang es, Priscillian und die Seinen das Verbrechen der Magie und organisierter Unzucht gestehen zu lassen. Die meisten wurden mit dem Schwert hingerichtet, einige kamen mit Verbannung davon. Bei diesem blutigen Ausgang wurde den Anklägern übel zumute: sie verfielen der allgemeinen Mißachtung und weder Ithacius noch Ydacius konnten sich auf die Dauer in ihren Bistümern halten. Ambrosius[29] zeigte bei seinem Besuch in Trier den Bischöfen dieser Gruppe eindeutig seine Ablehnung, und auch Rom war so unzufrieden, daß Maximus zu seiner Rechtfertigung dem Papst die Prozeß-

---

[28] Prisc. tract. 2 p. 41, 16.
[29] Ambr. epist. 24, 12.

akten übersandte[30]. Martin von Tours hatte noch weitere schmerzliche Folgen zu tragen und zog sich seitdem ganz von der Kirchenpolitik zurück[31]. Es war das erste Mal, daß kirchliche Stellen einen getarnten Ketzerprozeß durch den weltlichen Arm zum blutigen Ausgang geführt hatten. Der ekle Geschmack blieb noch lange spürbar und erwirkte nach wenigen Jahren eine kräftige Reaktion: wir werden noch davon hören.

Als im Jahre 384 der berühmteste und kultivierteste Vertreter der alten Aristokratie Symmachus Stadtpräfekt von Rom wurde, schien die Zeit gekommen, dem neuen Herrscher Valentinian II. die von Gratian abgelehnte Bitte um Wiederherstellung der staatlichen Zuschüsse zu den altrömischen Kulten wiederum vorzutragen und die Wiederaufstellung des Victoriaaltars in der Kurie als entsprechende symbolische Handlung zu verlangen. Symmachus, der schon jene erste Aktion geleitet hatte, verfaßte mit all seiner künstlerischen Meisterschaft die Eingabe[32]. Sie ist ein wundervolles Denkmal altrömischer Würde, eine Urkunde, voll der maiestas populi Romani. Keine reich verschlungenen Perioden, keine gehäuften Superlative, keine Reize von Klang und Rhythmus werben schmeichelnd um die Gunst. Der von Symmachus auch in persönlichen Briefen gepflegte schlichte Satzbau erreicht hier in seiner Steigerung zum Monumentalen die höchste Wirkung. Jedes Wort ist wohl überlegt, steht an der natürlich gegebenen Stelle und trifft mit voller Wucht das Ohr des Hörers.

Roma selbst tritt vor den Kaiser hin und fordert ihr tausend Jahre altes Recht zurück, das niemanden bedrückt und das auch dem ehrwürdig sein sollte, der seinen religiösen Inhalt leugnet. Die altüberlieferten Kulte haben dem Erdkreis Roms Gesetz auferlegt, Hannibal von seinen Mauern und die Gallier vom Kapitol vertrieben: sie gehören zum gemeinsamen Besitz wie Sterne, Himmel und Erde, hinter denen das eine göttliche Geheimnis wohnt, dem wir alle, wenn auch auf verschiedenen Wegen, zu-

---

[30] Coll. Avell. 40, 4.
[31] Sulp. Sev. dial. 3, 13, 5—6.
[32] Symmachus relatio 3 p. 280—283 ed. Seeck.

streben. Nicht umsonst sind die Provinzen von Mißernte und Hungersnot heimgesucht, am Frevel ist das Jahr verdorrt. Die Nahrung, die man den Priestern versagt, wird allem Volke geweigert. Übt, ihr Kaiser, eure Herrscherpflicht der Gerechtigkeit, wahret Jedem das Seine — suum cuique!

Die Rede hat zu allen Zeiten denselben bewundernden Beifall gefunden, den sie am ersten Tag im kaiserlichen Konsistorium erntete: Heiden und Christen wurden in gleichem Maße von dem feierlichen Ernst dieser Beschwörung gepackt[33], die alle guten Geister einer ruhmreichen Geschichte zu Hilfe rief, um einer versinkenden Welt die verdiente Ehrerbietung zu wahren. Man durfte ernstlich mit der kaiserlichen Zustimmung rechnen.

Da griff Ambrosius ein. Er brauchte nicht den Weg des höfischen Zeremoniells zu gehn, weil ihm seine Stellung den unmittelbaren Verkehr mit dem Herrscher gestattete. Er schrieb[34] seinem jungen Beichtkind, der Kaiser sei als Gottes Soldat zum Dienst am Glauben verbunden und dürfe zu einer Förderung des Götzesdienstes unter keiner Form seine Zustimmung geben. Sein Bruder Gratian habe mit der Abweisung eines solchen Verlangens durchaus das Rechte getroffen: Gottes Gebot stehe nun einmal höher als die Rücksicht auf die Wünsche verdienter Männer — die übrigens nur eine kleine Gruppe bildeten und die große Mehrzahl christlicher Senatoren gegen sich hätten. Das Gesuch verdiene keine Antwort. Valentinian möge die Sache doch seinem bewährten Ratgeber Theodosius vorlegen: wichtig genug sei sie sicherlich. „Sollte aber anders entschieden werden, so können wir Bischöfe dies nicht mit Gleichmut tragen oder unbemerkt hingehn lassen. Die Kirche wirst du besuchen können — aber du wirst dort keinen Priester finden oder, wenn doch, so wird er dir Widerstand leisten.“ Das war eine eindeutige Androhung der Exkommunikation im Falle des Ungehorsams.

Ambrosius zog aus dem Tatbestand der privilegierten Reichskirche eine Folgerung, an die kein Kaiser auch nur von ferne gedacht hatte: Der Herrscher gehörte der Kirche nicht bloß als

---

[33] Ambr. de obitu Valent. 19, epist. 17, 8.
[34] Ambr. epist. 17.

Privatperson an, sondern war nun auch von Amts wegen ein „Soldat Gottes" oder, wie man später gesagt hat, der advocatus ecclesiae — das besagte aber, daß er nicht nur die Kirche zu beschützen hatte, sondern auch, daß er in seiner politischen Tätigkeit an die göttlichen Gebote gebunden war: und wer anders konnte ihm im Zweifelsfall Auskunft über den Willen des Höchsten geben als das kirchliche Lehramt? Versagte er sich dieser autoritativen Weisung, so verfiel er den kirchlichen Zuchtmitteln.

Kein Orientale hätte solch ungeheuerliche Forderung im Ernst gewagt. Es war abendländisches Denken, wie es sich in der des Regierens gewohnten Persönlichkeit des Ambrosius verkörperte, das zu dieser neuen These des christlichen Staatskirchenrechtes fortschritt. Aber einmal an so sichtbarer Stelle ausgesprochen, ist der Satz ins Blut des lateinischen Katholizismus eingegangen und kann bis zum heutigen Tage von ihm wohl in der Praxis zurückgestellt, aber niemals grundsätzlich aufgegeben werden. Ambrosius hat mehr als dies eine Mal Gelegenheit gefunden, ihn mit Erfolg zur Anwendung zu bringen. Im vorliegenden Fall war es nicht schwer. Ambrosius brachte die Generäle Bauto und Rumorid auf seine Seite, obwohl der zweite Heide war[35]. Dann verfaßte er eine sehr unsentimentale und auf unleugbare Tatsachen gestützte Widerlegung der Relatio des Symmachus und ließ sie samt dem Brief an Valentinian im Konsistorium verlesen. Damit war die Sache erledigt. Der kaiserliche Knabe beugte sich dem Willen seines Seelsorgers.

Im nächsten Jahr 385 gegen Ostern kam es zu einem neuen Konflikt, der dem Ambrosius Gelegenheit gab, seine Auffassung vom Recht der Kirche zu verteidigen. Die Kaiserin-Witwe und Mutter des regierenden Herrn, des jungen Valentinian, lehnte das nicaenische Bekenntnis ab und hatte auch schon früher die illyrischen „Arianer" gegen Ambrosius unterstützt[36]. Jetzt äußerte sie den Wunsch, für ihre Umgebung und die gotische Leibwache[37] eine vor der Stadt liegende Kirche als Kultort über-

[35] Ambros. epist. 57, 3.
[36] s. S. 51.
[37] Ambros. epist. 20, 12.

wiesen zu bekommen, und ihr Sohn wollte ihr dieses billig erscheinende Begehren gern erfüllen. Ambrosius lehnte die Zumutung rundweg ab. Als ihm vorgehalten wurde, der Kaiser mache ja nur Gebrauch von einem ihm zustehenden Recht, weil alles seiner Verfügungsgewalt unterstehe, gab er zur Antwort[38], dieser Grundsatz möge für allen privaten Besitz, ja für das Leben der Untertanen gelten, habe aber an kirchlichem Eigentum seine Grenze: „was Gott gehört, ist der kaiserlichen Gewalt nicht unterworfen."

Es ist alter römischer Rechtssatz, daß ein auf Beschluß des römischen Volkes oder kaiserlichen Befehl feierlich geweihter Tempel Eigentum der Gottheit wird und damit jeder profanen menschlichen Verfügung entzogen ist. Er behält diese Eigenschaft auch dann, wenn er nur noch als eine Trümmerstätte besteht. Erst wenn der Gott selbst ihn preisgibt, das heißt, wenn er in Feindeshand gerät, verliert er seine Weihe, die aber sofort und selbsttätig zurückkehrt, sobald der Eroberer ihn wieder frei läßt[39]. Ambrosius wendet diese Rechtsanschauung auf die christlichen Kirchengebäude an und zieht daraus die letzte Folgerung. Die durch Konsekration bewirkte Übereignung an Gott kann nicht durch Menschenwillen aufgehoben werden, auch nicht durch den allerhöchsten Befehl des Kaisers. Und der Bischof als Organ der Kirche ist der von Gott selbst bestellte Verwalter und Verteidiger seines Eigentums.

Damit ist der Streit auf das Gebiet des Grundsätzlichen getragen und Ambrosius kann auch nicht einen Schritt zurückweichen. Er hat in einem Brief an seine Schwester Marcellina[40] den Verlauf der Ereignisse anschaulich geschildert. Am Palmsonntag, dem 6. April 385, während Ambrosius in der Stadt Messe las, wurde nach vergeblichen Verhandlungen die kleine Basilica Porciana vor dem Tor durch Trabanten der Kaiserin[41] mit Beschlag belegt und mit den kaiserlichen Wimpeln umzäumt.

---

[38] Ambr. ep. 20, 8. 16.
[39] Gaius Instit. 2, 4—5. Digesten 1, 8, 6, 3; 1, 8, 9, 1; 11, 7, 36.
[40] Ambr. epist. 20.
[41] Über diese Decani s. Seeck bei Pauly-Wissowa 4, 2246.

Sofort kam es zu Straßentumulten, die sich bis zu Demonstrationen vor dem Schloß steigerten[42]. Die nächsten Tage brachten Strafmaßnahmen gegen die Bürgerschaft, Verhandlungen der Beamten und Offiziere mit Ambrosius. Er möge doch wenigstens das Volk beruhigen: Ich habe es nicht aufgehetzt; das ist meine Schuldigkeit — besänftigen kann es nur Gott, war seine Antwort. Am Mittwoch fiel die Entscheidung. Der Kaiser ließ die Basilica Porciana von Soldaten umstellen. Die beiden Stadtkirchen waren voll aufgeregter und laut jammernder Menschen und Ambrosius hielt in der „Alten" Kirche[43] eine sehr anzügliche Predigt, die an die Tageslektion aus dem Buch Hiob anknüpfend das Volk zu christlicher Geduld und passivem Widerstand aufforderte und die unheilvolle Rolle der Weiber von Eva an bis zu Isebel und Herodias beleuchtete. Während er noch so predigte, füllte sich die Kirche mit eindringenden Soldaten, die durch des Ambrosius Banndrohung geängstigt, ihn ihrer Anhänglichkeit an den rechten Glauben versicherten. Sie hatten die um die Kirchen gezogenen Absperrungsreihen verlassen und mischten sich unter die jammernde Gemeinde. Gleichzeitig wurde dem Bischof gemeldet, daß die kaiserlichen Wappenfähnlein von der Basilica Porciana entfernt seien, vermutlich gewaltsam, denn die Kinder rissen sie nachher in Stücke. Noch immer verweigerte Ambrosius die Auslieferung der Basilica und schickte die scheltenden Unterhändler des Kaisers mit spitzigen Antworten heim. Die Nacht über blieben die Kirchen von Soldaten bewacht. Endlich am Gründonnerstag gab sich der Kaiser besiegt. Das Militär wurde zurückgezogen, die verhängten Strafen aufgehoben, und die Generäle baten im Namen der Truppen den Herrscher, er

---

[42] Ambr. sermo c. Auxent. 29.

[43] Das ist S. Thecla (Cabrol-Leclercq Diction. 1, 1383 Fig. 317 n. 2) an der Westseite des heutigen Domplatzes, jetzt verschwunden; die Basilica nova (minor) ist S. Maria Maggiore (ebd. n. 1), an deren Stelle heut der Dom steht: beide Kirchen erscheinen als Sommer- und Winterkathedrale in der ambrosianischen Liturgie. Die Basilica Porciana ist S. Victor ad corpus westlich von S. Ambrogio jenseits des durch die Via Vittoria und Via Garducci bezeichneten alten Mauerzuges (Cabrol 1, 1443 Fig. 318 n. 9).

möge in feierlichem Zuge die Kirche besuchen. Es kennzeichnet die Lage, daß Valentinian ingrimmig zur Antwort gab: Ihr werdet mich noch dem Ambrosius in Fesseln ausliefern, wenn er's euch befiehlt! Kein Zweifel, daß die Haltung der Soldaten die Entscheidung letztlich erzwungen hat. Ambrosius hatte guten Grund, die Rache des gekränkten Hofes zu fürchten, auch wenn ihm nicht der Oberstkämmerer mit Kopfabschlagen gedroht hätte[44].

Es ist menschlich begreiflich, daß die Kaiserin-Mutter Justina, von der ja im Grunde die ganze Aktion ausging, die Niederlage schwer empfand; auch daß der kaum 15jährige Kaiser sich in knabenhaftem Trotz gegen seinen geistlichen Mentor auflehnte, wird niemand wundernehmen. Aber die Art, wie die beiden gekrönten Häupter ihrer Verärgerung Luft machten, läßt jeden Zweifel an ihrer politischen Zurechnungsfähigkeit berechtigt erscheinen.

Das Jahr 385 ging wohl mit allerhand Feindseligkeiten der Hofleute und der illyrischen Umgebung der Justina hin und ließ schließlich die Absicht dieser Kreise zutage treten, einen der Ihren an Stelle des Ambrosius zum Bischof von Mailand zu machen. Ein Bischof aus den Grenzlanden namens Mercurinus wurde dazu ausersehen: er nannte sich Auxentius, und es ist nicht unmöglich[45], daß er kein anderer ist, als jener Auxentius von Durostorum (Silistria), der das Leben des Wulfila beschrieben hat. Mit dem Beginn des neuen Jahres 386 setzte der offene Kampf ein. Am 23. Januar erschien ein Gesetz, welches den Anhängern des „zu ewiger Dauer bestimmten" Bekenntnisses von Rimini, also den „Homoiern", volle Kultusfreiheit gewährte und die etwa hiergegen gewaltsam opponierenden Mitglieder, der bisher bevorrechteten Kirche mit schweren Strafen bedrohte[46]. Bald danach kamen verschärfende Verordnungen, welche die Auslieferung der Kirchen an homöische Bischöfe für das ganze

---

[44] Ambr. ep. 20, 28.

[45] Vermutung von L. Duchesne, Historie ancienne de l'église 2, 552.

[46] Cod. Theod. 16, 1, 4: im Osten wurde nur der harmlose Ausschnitt 16, 4, 1 publiziert.

westliche Reichsgebiet befahlen und wirklich erhebliche Aufregung hervorriefen[47].

Ambrosius ließ den Sturm auf sich zukommen und blieb auf dem Posten, obwohl man ihm vom Hofe aus dringend empfahl, ohne Aufsehn zu verschwinden. Der Kaiser wünschte ein Religionsgespräch vor dem Konsistorium zwischen Ambrosius und Auxentius zu veranstalten: dieser war damit sehr einverstanden, aber Ambrosius weigerte sich zu kommen. Er legte seine Auffassung dem Kaiser in einem Schreiben von grundsätzlicher Bedeutung dar: es gipfelt in dem Satz, daß in Sachen des Glaubens die Bischöfe über die christlichen Kaiser und nicht die Kaiser über die Bischöfe zu urteilen hätten[48]. Im übrigen wird der junge Valentinian daran erinnert, daß er noch nicht einmal getauft sei und dabei die wohl erwogenen Grundsätze seines zum Manne gereiften Vaters verletzen wolle. Zugleich wurde das Volk, das sich in der von Soldaten umstellten Kathedrale drängte, in einer packenden Predigt der unbeugsamen Festigkeit seines Bischofs versichert und bekam den Satz eingehämmert: Gebet dem Kaiser, was des Kaisers ist, und Gott, was Gottes ist. Der Kaiser ist der Sohn der Kirche, ist in der Kirche und nicht über der Kirche. Die Predigt[49] wurde am Palmsonntag, dem 29. März 386, gehalten. Sie erschien bald als Flugschrift, und sie ist für die abendländische Auffassung des Staatskirchenrechts grundlegend geworden.

Ambrosius hatte die Massen des Volkes hinter sich, nicht bloß weil er den Armen und Bettlern Unterstützungen in Gold austeilen ließ, sondern auch weil er durch seine neu gedichteten Hymnen ihnen Kampflieder für den Glaubensstreit zu liefern gewußt hatte[50] — vor allem aber, weil seine überragende Persönlichkeit auch auf die Gebildeten in der Stadt einen mächtigen Zauber ausübte. Dafür ist uns Augustin ein vollgültiger Zeuge.

---

[47] Ambr. epist. 21, 11 sermo c. Auxent. 16 Maximus in der Coll. Avell. 39, 3.

[48] Ambr. epist. 21, 4.

[49] Ambr. sermo contra Auxentium: das Stück steht in den Sammlungen hinter epist. 21. Der Tag ergibt sich aus § 19.

[50] Ambr. sermo c. Aux. 33. 34.

Der mutige Bischof blieb auch diesmal Sieger: die Basilica Ambrosiana, die er in dieser Zeit weihte, ist das Denkmal seines Triumphes geworden. Denn in ihr setzte er am 19. Juni 386 feierlich die Gebeine der Märtyrer Gervasius und Protasius bei, die er zwei Tage vorher in der Basilica der hll. Felix und Nabor[51] aufgefunden hatte. Wie er auf diese alten und längst vergessenen Märtyrer verfallen ist und dazu kam, am richtigen Ort zu suchen, geht aus dem sonst recht genauen Bericht[52] nicht hervor, den auch hierüber die Schwester Marcellina erhielt. Aber die Überführung der Gebeine gestaltete sich zum Volksfest, und die Billigung des Himmels wurde durch ein Wunder bezeugt: der stadtbekannte blinde Metzger Severus rührte eine Franse des Leichentuches an und wurde sehend. Er hat dann sein blutiges Gewerbe nicht wieder aufgenommen, sondern ist Kirchendiener in S. Ambrogio geworden[53]. Andere Heilungen, auch Dämonenaustreibungen, folgten, und die böswillige Kritik der „Arianer" mußte vor dem Jubel des Volkes verstummen.

Valentinian hatte durch seine kindliche Nachgiebigkeit gegenüber den Wünschen seiner beschränkten und leidenschaftlichen Mutter eine schwere Minderung seines Ansehns erfahren. Bald mußte er aber merken, daß er einen ganz schwerwiegenden politischen Fehler begangen hatte. Eines Tages erhielt er von seinem unerwünschten kaiserlichen Kollegen Maximus einen wahrhaft väterlichen Brief[54], in dem er auf die katastrophale Wirkung seiner den ganzen Westen erschütternden Arianerpolitik hingewiesen wurde und aus ernstlich besorgtem Freundesherzen die Mahnung empfing, die falsche Bahn zu verlassen. Auch der römische Papst Siricius bekam von Maximus einen Brief[55] mit der Versicherung, daß er heute und immer der Schüt-

---

[51] Nahe bei S. Ambrogio: jetzt von der Garibaldikaserne überdeckt, s. Cabrol Dict. 1, 1443 Fig. 318 n. 3.

[52] Ambr. epist. 22; dazu noch Augustin conf. 9, 7, 15—16.

[53] Ambr. epist. 22, 2. 17. Paulinus vita Ambrosii 14 (t. 2 app. p. 10 ed. Bened.).

[54] Coll. Avell. n. 39 (1, 88 Guenther).

[55] Coll. Avell. n. 40 (1, 90).

zer und Wächter des katholischen Glaubens sein werde. Was sonst noch im Hintergrunde gespielt hat, bleibt uns verborgen. Aber im Herbst 387 rückte Maximus in Italien ein, und Valentinian mußte fliehen: in Saloniki begegnete er dem Theodosius, dessen politische Richtlinien er zu seinem Unheil außer acht gelassen hatte. Nun suchte er bei ihm Schutz, und Theodosius hätte ihn gewähren müssen, auch wenn er nicht durch die Heirat mit Justinas schöner Tochter Galla der Schwager Valentinians gewesen wäre. Man hatte im Ostreich nie aufgehört, in Maximus einen Usurpator zu sehen, und seine Anerkennung hatte immer den Charakter eines Waffenstillstands getragen.

Die Besetzung Italiens machte nun die kriegerische Entscheidung unvermeidlich. Nach sorgfältiger Vorbereitung rückte Theodosius im Juni 388 westwärts vor. Es gelang ihm, die Truppen des Maximus bei Siszeg an der Sau und bei Pettau in Steiermark entscheidend zu schlagen: Maximus wurde bei Aquileia gefangen genommen und getötet. Im Oktober 388 zog Theodosius als Sieger in Mailand ein und übernahm damit tatsächlich das Regiment auch im Westen. Valentinian, der seine Unbrauchbarkeit erwiesen hatte, blieb fortan eine rein dekorative Figur. Er wurde nach Vienne abgeschoben und der Obhut des fränkischen Generals Arbogast anempfohlen, der den schwächlichen Jüngling seine Macht so brutal fühlen ließ, daß dieser sich schließlich in der Verzweiflung das Leben nahm (15. Mai 392)[56]. Er hatte sich seit dem Tode der Justina (388) zu Ambrosius zurückgefunden und war sogar einer neuen Bitte des Senats um die Kultusbeiträge scharf entgegengetreten. In der Not seiner letzten Tage hatte er den Ambrosius zu sich gebeten, um von ihm die Taufe zu empfangen. Aber sein einstiger Beichtvater kam zu spät: er hat dem Toten nachher bei der Trauerfeier in Mailand eine schöne Gedenkrede gehalten[57].

Als Theodosius die Herrschaft im Westen übernahm, stand bei ihm bereits der Plan fest, das Reich fortan allein zu regieren

---

[56] So Seeck, Untergang 5, 242. 537. Die alten Berichte schwanken zwischen Mord und Selbstmord.

[57] Ambr. de obitu Valent. 19. 23—27, vgl. epist. 53, 2.

und es dann seinen beiden Söhnen als Erbe zu hinterlassen. Der damals elfjährige Arcadius wurde für den Osten bestimmt und blieb in Konstantinopel zurück, den fünfjährigen Honorius ließ er nachkommen, nahm ihn mit nach Rom, als er die Stadt im Juni 389 in feierlichem Aufzug besuchte, und stellte ihn den Römern unmißverständlich als Kronprinzen vor[58]. Der römische Aufenthalt dauerte bis Ende August und wurde durch eine Kette von Festen zu Ehren des siegreichen Kaisers verschönt. Und dieser gab sich alle Mühe, den Römern zu gefallen. Die militärische Ehrenwache ließ er zu Hause, er sprach mit den Leuten auf der Straße und nahm kein Scherzwort übel, ließ sich auch dazu herab, Privatleute in ihren Häusern aufzusuchen, kurz, er zeigte, daß er hier nur „römischer Bürger" sein wollte. Zum Volke sprach er von der Rednerbühne des Forums, zum Senat in der Kurie, und hier ließ er sich auch durch den gallischen Rhetor Pacatus in einem langen, uns noch erhaltenen, Panegyricus feiern. Der Redner wurde fürstlich belohnt. Er bekam das Prokonsulat von Afrika für das nächste Jahr und ist später noch zum Finanzminister des Kaiserhauses aufgestiegen[59], obwohl er nicht Christ war. Auch dem Symmachus leuchtete die Gnadensonne aus Gewitterwolken hervor. Er hatte sich in den kritischen Tagen zu Maximus gehalten und ihn sogar in einer Rede gefeiert: jetzt mußte er sich zum Asyl der Novatianerkirche in Rom flüchten. Aber Theodosius verzieh ihm, und nun durfte er diesem eine Rede überreichen[60]. Für das Jahr 391 wurde er Konsul. Mit ihm erhielt die gleiche Ehre der Praefectus Praetorio des Orients, Tatian[61]: und es wird nicht unbemerkt geblieben sein, daß die beiden so herausgestellten Männer dem Christentum ablehnend gegenüberstanden. Gewiß hat bei Theodosius der Wunsch, die römische Aristokratie zu gewinnen, etwaige kirchliche Bedenken gegen eine Ehrung des Symmachus überwogen: wie denn über-

[58] Chron. min. 1, 245. 298. Lehrreicher Bericht bei Claudian de sexto cons. Honorii 54—76. Pacatus paneg. 47, 3.
[59] Seeck, Symmachus p. CXCIII.
[60] Socrates KG 5, 14, 5—10.
[61] Enßlin bei Pauly-Wissowa 2. Reihe 4, 2463 n. 3.

haupt die abendländischen, und vollends die stadtrömischen, Verhältnisse eine behutsame Behandlung des Heidentums empfehlen mußten.

Aber im Osten lagen die Dinge etwas anders. Dort hatte Theodosius zwar den Rücktritt vom Christentum zum Heidentum verboten, aber keine heidenfeindlichen Gesetze erlassen. Seine Edikte[62] richteten sich ausschließlich gegen die mit blutigen Opfern verbundene Wahrsagerei und erlaubten ausdrücklich den Besuch der als Kunstdenkmäler offen zu haltenden Tempel[63]; ja es wurde sogar untersagt, einen Christen zum städtischen Oberpriester zu machen, weil die Sorge für die Tempel einem Anhänger des alten Glaubens gebühre[64]. Der Orientpräfekt Kynegius[65] erhielt 385 den Auftrag, nach Ägypten zu reisen, um dort dem bedenklich lebendigen Heidentum einen Dämpfer aufzusetzen — doch wohl innerhalb der soeben gezeigten Grenzen. Er scheint aber über seine Vollmachten hinausgegangen zu sein und in Ägypten nicht nur, sondern im ganzen Osten die Tempel geschlossen und die Opfer verhindert zu haben[66]. Die Zerstörung des herrlichen Tempels zu Edessa scheint sein Werk zu sein, und als treibende Kraft wird seine fromme Frau Akanthia angesehen werden dürfen, die unter dem Einfluß der fanatischen Mönche stand[67]. Man pflegt auch mit guten Gründen Kynegius als den Beamten anzusehn, der die brutale Zertrümmerung des Tempels von Apamea durch Bischof Marcellus militärisch sicherte[68]. Diese von oben betriebene Zerstörung von Tempeln fand ihr Gegenstück in den Feldzügen aufgeregter Mönchsscharen, die das Land durchwanderten und die kleinen Heiligtümer der Bauern vernichteten, die Priester mißhandelten oder totschlugen[69]. Kynegius

[62] Liste bei v. Campenhausen, Ambrosius S. 224 A. 1.
[63] Cod. Theod. 16, 10, 8 vom 30. Nov. 382.
[64] Cod. Theod. 12, 1, 112 vom 16. Juni 386.
[65] Seeck bei Pauly-Wissowa 11, 2527.
[66] Zosimus 4, 37, 3.
[67] Libanius or. 30, 44—46.
[68] Theodoret KG 5, 21, 6—11, Gothofredus zu Cod. Theod. 16, 10, 8.
[69] Libanius or. 30, 8—9.

starb mitten in dieser Tätigkeit, und Theodosius machte in der Erkenntnis, einen Mißgriff getan zu haben, den Heiden Tatian zu seinem Nachfolger. Gleich darauf überreichte Libanius dem Herrscher eine Bittschrift für die Tempel[70], die den Widerspruch zwischen der Gesetzgebung des Kaisers und den Übergriffen jenes Reichskanzlers und der zügellosen Mönchsscharen scharf heraushob und auch die politische Weisheit der Toleranz nicht unerwähnt ließ. „Wenn man durch Tempelstürme die Menschen bekehren könnte, wären die Tempel schon längst nach deinem Befehl zerstört: denn diese Bekehrung hättest du schon längst gerne gesehen. Aber du wußtest, daß du sie nicht erreichen würdest, und darum hieltest du deine Hände von diesen Tempeln zurück." Das ist allerdings nicht höfische Schmeichelei, aber Libanius verstand es auch sonst, jeweils den Augenblick zu benutzen, wo der zur Nachdenklichkeit neigende Kaiser bereits soweit umgestimmt war, daß er die Wahrheit vertragen konnte, ohne böse zu werden: und dann trat der kluge Redner gern als Anwalt der Volksmeinung vor den Thron. Er durfte auch diesmal gnädiger Aufnahme sicher sein, denn die Ernennung des Tatian hatte bereits die Unzufriedenheit des Herrn mit der Religionspolitik des Kynegius deutlich kundgetan, und Libanius selbst war eben erst mit Rang und Titel eines Präfekten in die höchste Klasse der Exzellenzen erhoben worden.

In Kallinikum am Euphrat hatten die Christen eine Synagoge in Brand gesteckt und in einem östlichen Dorf war eine Kirche der Valentinianer von Mönchen gestürmt worden. Der Militärbefehlshaber hatte das gemeldet und Theodosius strenge Bestrafung und Wiedergutmachung angeordnet. Ambrosius erfuhr das sofort, und nun begann ein Ringen zwischen beiden Männern, das von geschichtlicher Bedeutung geworden ist, ein Kampf zwischen dem Priester und dem weltlichen Herrscher. Ambrosius schrieb dem Kaiser einen Brief, weil er bereits öfter die Erfahrung gemacht hatte, daß mündliche Verhandlungen nicht zum Ziele führten[71]. Darin forderte er völlige Begnadigung

[70] Libanius or. 30: in § 53 ist mit dem neuen Mann Tatian gemeint.
[71] Der Brief ist Ambr. epist. 40; vgl. epist. 41, 1.

der christlichen Tumultuanten um des Ansehns der Kirche willen. Beim nächsten Kirchgang des Kaisers predigte er von der Notwendigkeit des Vergebens, von der Herrlichkeit der Kirche und der Verworfenheit der Synagoge und forderte den Herrscher direkt auf, der Kirche zuliebe den Frevlern zu verzeihen. Als er die Kanzel verließ redete ihn der Kaiser darauf an und verhieß Milderung der Strafe. Ambrosius blieb ablehnend und forderte mehr, „um mit gutem Gewissen für den Kaiser das Opfer darbringen zu können" — und erst als der Kaiser völlige Begnadigung versprochen hatte, ging er zum Altar und begann die Opfergebete[72]. Er hatte vor der Öffentlichkeit der Gemeinde den Kaiser zum Rückzug gezwungen. Das war nur darum möglich gewesen, weil Theodosius das Gewicht der vorgebrachten kirchlichen Gründe ebenso schwer empfand und seine Christenpflicht ebenso ernst nahm wie Ambrosius: er fühlte sich als christlicher Herrscher an die göttlichen Gebote gebunden und erkannte in dem großen und freimütigen Bischof ihren berechtigten Ausleger an.

Bald danach traf eine Deputation des römischen Senats ein mit der alten Bitte um Wiedergewährung der staatlichen Zuschüsse für die traditionell geheiligten Kultstätten. Und nach den Erfahrungen seines römischen Besuches schien dem Kaiser die Frage allerdings ernsthaft erwägenswert. Da hat ihm Ambrosius seine Meinung deutlich ins Gesicht gesagt und hat dann ein paar Tage demonstrativ den Hof gemieden, bis Theodosius sich seiner Ablehnung anschloß[73]. Ambrosius war ihm wirklich die Stimme des Gewissens. Aber es ist menschlich, diese Stimme zu dämpfen und ihrem allzu häufigen Lautwerden vorzubeugen. Und darum ordnete Theodosius an, daß dem geschäftigten Bischof gegenüber die Beschlüsse des kaiserlichen Konsistoriums fürderhin streng geheimzuhalten seien. Ambrosius empfand das bitter und klagte, man beraube ihn des natürlichen Rechtes zu hören, um ihm auch die Möglichkeit des Redens zu nehmen. Aber er könne

---

[72] Bericht im Brief an die Schwester epist. 41.
[73] Ambr. epist. 57, 4.

sich kein Wachs in die Ohren stopfen und komme durch das aufgezwungene Schweigen in schwere Konflikte[74].

Dieser Zustand dauerte eine Weile, bis ein nicht zu übersehendes Ereignis den Ambrosius zwang, aus seiner Zurückhaltung herauszutreten. In Thessalonich war bei einem aus den Zirkusleidenschaften aufgebrochenen Krawall der Generaloberst des illyrischen Reichsteils totgeschlagen worden und Theodosius hatte in maßlosem Zorn die Soldaten ein Blutbad unter den ahnungslos im Zirkus versammelten Einwohnern anrichten heißen. Die Nachricht traf in Mailand ein, als dort gerade eine Synode gallischer Bischöfe tagte. Alle waren schwer erschüttert, und Ambrosius entschloß sich, sofort zu handeln. Er verließ Mailand kurz vor der Ankunft des Kaisers, sandte ihm aber einen ausführlichen Brief mit eigenhändigem, nur für seine Augen bestimmten Schlußteil und forderte ihm auf, nach dem Vorbild des sündigen, aber dann reuigen Königs David Buße zu tun: einstweilen weigere er sich, in seiner Gegenwart das Meßopfer darzubringen. Und er redet dem Herrscher wie einem lange vertrauten Beichtkind mit ergreifendem Ernst zu[75]. Theodosius hatte schon oft gezeigt, daß er nicht unerbittlich war und zwar in der ersten Aufwallung hart zuschlug, bei längerer Besinnung aber zur Milde neigte. Vor drei Jahren hatten die Antiochener in wildem Tumult die Kaiserbilder zertrümmert und danach in schrecklicher Angst das Schlimmste befürchtet: es war dem an das Hoflager gereisten Bischof Flavian gelungen, volle Begnadigung zu erwirken. In Thessalonich war die Strafe dem Frevel allzuschnell gefolgt — aber auch diesmal wurde der Kaiser weich. Er unterzog sich der von Ambrosius geforderten Kirchenbuße, legte sogar für eine Weile die kaiserlichen Insignien ab und bekannte öffentlich vor der Gemeinde seine Schuld. Dann ließ ihn Ambrosius wieder an den Sakramenten teilhaben.

---

[74] Ambr. epist. 56, 2—4.

[75] Ambr. epist. 51; dazu de obitu Theod. 34. Rufin KG 11, 18; erweitert bei Sozom. 7, 25; breit ausgeschmückt bei Theodoret KG 5, 17—18; dürftig Paulinus vita Ambr. 24; vgl. auch Augustin conf. 5, 26.

Es war allem Volk deutlich geworden, daß vor dem Urteil Gottes und dem Spruch seines Verkündigers auf Erden kein Ansehn der Person gelte: die Kirche als sittliche Macht durfte triumphieren und sich eines solchen Bischofs und eines solchen Kaisers freuen. Von Mailand bis Canossa läuft eine gerade Linie: sie bezeichnet die abendländische Deutung der Einheit von Staat und Kirche in dem Sinne, daß auch der Träger der höchsten Staatsgewalt, weil er Christ ist, den sittlichen Geboten der Kirche untersteht und so nach Gottes Willen das Machtinstrument für den Aufbau einer christlichen Gesellschaftsordnung wird. Die Problematik dieser Deutung blieb den beiden Männern von Mailand noch verborgen: in Canossa wußten Papst und Kaiser von ihrer tragischen Schwere zu sagen. Wie ernst es dem Theodosius mit seiner Reue war, zeigt ein seltsames, am 18. August 390 erlassenes Gesetz[76], welches einen Aufschub einer Exekution um 30 Tage anordnet, „wenn wir gegen unsere Gewohnheit ein in Anbetracht des Falles allzu hartes Urteil ausgesprochen haben". Die bedeutsamste Wirkung der inneren Erschütterung dieser Wochen ist aber doch das Religionsgesetz[77] vom 24. Februar 391, welches allen heidnischen Kult, jedes Opfer, ja jeden Akt der Anbetung in Tempeln rundweg verbietet und für Amtspersonen, die sich einer Übertretung schuldig machen, hohe Geldstrafen festsetzt. Es ist an den Stadtpräfekten von Rom gerichtet und zielt unmißverständlich auf die religiöse Haltung der dortigen Aristokratie, die doch bei der Romfahrt im Sommer 389 noch so freundlich behandelt war. Und am 16. Juni desselben Jahres ergeht ein ganz ähnliches Edikt[78] an die Zivil- und Militärbehörden von Ägypten.

Hier hatte bis Anfang 388 bereits Kynegius kräftig gegen das Heidentum gearbeitet, und nach seinem Weggang war sogar noch eine Steigerung des Kampfes eingetreten: das Jahr 389 sah

[76] Cod. Theod. 9, 40, 13 Rufin KG 11, 21. Zur Datierung vgl. Seeck, Regesten S. 92, 44 ff.

[77] Cod. Theod. 16, 10, 10 an Albinus P. U. (so zu lesen statt P. P.).

[78] Cod. Theod. 16, 10, 11.

die Zerstörung des Serapeions in Alexandria[79]. Die Aufdeckung heidnischer Kultgrotten und die Profanierung von Mysteriensymbolen durch die Christen hatte zu einer tumultutarischen Rache der Heiden geführt, wobei es Tote gab und mehrere Christen sogar vor den Götteraltären wie Opfertiere geschlachtet wurden. Die Behörden wurden ängstlich und berichteten an den Kaiser. Dieser verzichtete auf Bestrafung der Mörder und erklärte die getöteten Christen für ruhmvolle Märtyrer, forderte aber Ausrottung des Götzendienstes bis auf die Wurzel. Das kaiserliche Schreiben wurde verlesen — und dann begann der Sturm des christlichen Volkes auf den herrlichsten Tempel von Alexandria, das auf hoher Terrasse stolz thronende Serapeion. Als der Beilhieb eines Soldaten dem Götterbild das Haupt spaltete, stürzte allen Weissagungen zum Trotz der Himmel nicht ein, und nun brach das Gottesgericht über die entsetzte heidnische Bevölkerung mit voller Wucht herein. Die übrigen Tempel und Heiligtümer von Alexandria folgten, und durch alle Städte und Dörfer, über das Ackerland und sogar über die Wüste brauste der Vernichtungssturm dahin und tilgte die Sitze der alten Götter vom Boden. Die Bischöfe leiteten den Kampf, die Scharen der schwarzen Mönche führten ihn in vorderster Linie. Auf den Trümmern des Serapistempels erhob sich eine Kirche und ein Martyrium mit den einst unter Julian zu Athanasius geretteten Gebeinen Johannes des Täufers. Der heilige Nilmesser, der vom ganzen Volke mit abergläubischer Scheu verehrt wurde, blieb unversehrt und fand seinen Platz nun in der christlichen Basilika.

Theodosius soll Gott gedankt haben, daß dies große Werk ohne schweren Schaden für Alexandria gelungen sei. Er sah, was im Osten bei unbedenklichem Durchgreifen möglich war. Hier konnte auch mit ernsthafter Wirkung des Opfergesetzes von 391 gerechnet werden, und im Herbst 392 erschien sogar ein neues an den Reichskanzler des Orients, Rufin, gerichtetes Opferverbot[80], das noch viel genauer, ja bis in die kleinsten Einzelheiten hinein, jede heidnische Kulthandlung unter Strafe stellte. Der heidnische

---

[79] Hauptbericht bei Rufin KG 11, 22—30.

[80] Cod. Theod. 16, 10, 12 vom 8. Nov. 392.

Kanzler Tatian war im Juni 392 abgesetzt und in schwere Ungnade gefallen. An seine Stelle war der Christ Rufin getreten. Der schärfere Kurs hatte sich nach einigem Schwanken durchgesetzt. Noch im September 390 war den Mönchen, deren öffentliche und oft gewaltsame Demonstrationen der Staatsgewalt vielfach lästig wurden, der Aufenthalt in den Städten verboten worden[81]. Aber im April 392 nahm der Kaiser dies Gesetz zurück und stellte es als eine Wirkung ungerechtfertigter Klagen der Behörden hin[82]. Da tritt die innere Umstimmung des Kaisers deutlich zutage: und seit dem Sommer 391 atmete er ja auch wieder die Luft der Konstantinopeler Kirche. So ist es begreiflich, daß um diese Zeit eine ganze Reihe von Gesetzen erschien, die eine kräftigere Geltung orthodoxer Kirchlichkeit im öffentlichen Leben bewirken sollten[83]: aber den Ambrosius wird man für die Einzelheiten schwerlich verantwortlich machen dürfen.

Inzwischen zog im Westen eine neue Gefahr für das Reich herauf. Der Tod Valentinians II. im Mai 392 war schon ein bedenkliches Zeichen der unbekümmerten Selbstherrlichkeit des Franken Arbogast, zumal alle Welt ihn für den Mörder des jungen Kaisers hielt. Theodosius wartete ruhig der Dinge, die da kommen sollten und rüstete im stillen eifrig zum Entscheidungskampf. Es dauerte immerhin bis in den August, ehe Arbogast sich zum Handeln entschloß: er erhob seinen Freund, den kaiserlichen Kanzleidirektor Eugenius zum Augustus des Westens, einen gebildeten Mann von guter rhetorischer Schulung und früheren Professor in Rom, übrigens christlichen Bekenntnisses. Er war als dekorative Figur gedacht: die militärische Macht behielt Arbogast in seinen Händen. Eine Gesandtschaft, der sich auch eine Deputation gallischer Bischöfe anschloß[84], ging nach Konstantinopel ab: die geistlichen Herren sollten und wollten bezeugen, daß Arbogast am Tode Valentinians unschuldig sei.

---

[81] Cod. Theod. 16, 3, 1.

[82] Cod. Theod. 16, 3, 2, wozu Gothofredus zu vergleichen.

[83] Liste bei Seeck, Untergang 5, 234 und Rauschen, Jahrbücher S. 372—376.

[84] Zosimus 4, 55. 57 Rufin KG 11, 31.

Theodosius empfing die Gesandtschaft mit aller Höflichkeit und entließ sie ohne bestimmten Bescheid.

Auch an Ambrosius wandte sich Eugenius und schrieb ihm zwei Briefe, die beide unbeantwortet blieben[85]. Der Mailänder Bischof war zu einer kirchlichen und damit auch zu einer politischen Großmacht geworden und hielt sich demgemäß in dieser Wartezeit zurück. Er hatte das Schweigen gelernt. Nach dem Tode Valentinians II. hatte es volle zwei Monate gedauert, bis Theodosius an die ängstlich in Mailand harrenden Prinzessinnen, die Schwestern des Toten, schrieb und die Beisetzung neben dem Grabmal Gratians anordnete. Und daraufhin richtete auch Ambrosius sein erstes Schreiben in dieser Angelegenheit an den Kaiser[86], in dem er nur von seiner Trauer um den Toten spricht und die Beschaffung eines würdigen Porphyrsarkophages meldet. Auch die Leichenrede gedenkt nur des Toten und seines vorausgegangenen Bruders in menschlicher und christlicher Würdigung. Von Politik kein Wort. Erst als die Macht des Usurpators für manche Personen bedrohlich wurde, schrieb Ambrosius an ihn und setzte sich für die Gefährdeten ein, wie er das auch sonst zu tun pflegte[87]: von den Briefen des Eugenius war auch jetzt noch nicht die Rede.

Da mußte dieser wohl oder übel einsehen, daß der Kirchenfürst des Abendlandes nicht gewillt war, auf seine Seite zu treten, und das war ihm eine schmerzliche Enttäuschung. Bisher hatte er gehofft, durch betont christliche Haltung die Unterstützung der Kirche zu gewinnen, und scheint in Gallien damit auch Erfolg gehabt zu haben. Der römische Senat, den Theodosius eben noch durch das Opferverbot getroffen hatte, rechnete aber auch auf die Gunst des vormaligen römischen Professors und Vertreters antiker Kultur. So trug er ihm denn zuversichtlich seine alte Bitte um Wiedergewährung der Kultusgelder vor — und wurde abgewiesen. Erneutes Gesuch und erneute Ablehnung. Es war klar:

---

[85] Ambr. epist. 57, 11.

[86] Ambr. epist. 53 vgl. §§ 4—5 und de obitu Valent. 49.

[87] Ambr. epist. 57, 12: dazu v. Campenhausen, Ambrosius S. 249 A. 1.

Eugenius hatte aus den Erfahrungen seiner Vorgänger gelernt, daß diese Sache von der durch Ambrosius verkörperten kirchlichen Öffentlichkeit als Ehrenpunkt angesehen wurde. Aber die Römer blieben hartnäckig, und auch ihre Kreise bedeuteten eine Macht, deren Unterstützung nicht zu verachten war. Eugenius fand einen Weg, der ihn zwischen Scylla und Charybdis hindurchführen sollte. Er schenkte den heidnischen Exzellenzen persönlich die erforderlichen Summen.

Das war für Ambrosius der Anlaß zur offenen Kriegserklärung. Als Eugenius im Frühjahr 393 gegen Mailand heranzog, verließ der Bischof die Stadt und begab sich erst nach Bologna, dann über Faenza nach Florenz[88]. An Eugenius richtete er einen feierlichen Anklagebrief[89], in dem die ganze Geschichte jener Senatspetitionen dargelegt und die Handlungsweise des neuen Herrschers als Ungehorsam gegen Gott und Verrat an Christus gebrandmarkt wird. Er habe diese Haltung des Eugenius von vornherein erwartet und deshalb seine Briefe unbeantwortet gelassen. Das war schlechthin feindlich geredet und gehandelt: es mußte jetzt jedermann deutlich werden, daß Ambrosius seine Politik gegenüber dem Usurpator genau der des Theodosius angepaßt hatte und nun die letzten Folgerungen zog.

Auf etwaige Sympathien der italienischen Kirchen war für Eugenius nicht mehr zu hoffen. So setzte er auf die andere Karte. Er ernannte den Virius Nicomachus Flavianus[90] zum italienischen Kanzler. Dieser war mit der Familie des Symmachus verwandt, hatte schon unter Theodosius zweimal das Präfektenamt bekleidet und war durch literarischen Ruhm ausgezeichnet. Seine Neigung für die okkulte Weisheit der Alten und platonisierende Theologie ließen ihn als den geeigneten Leiter einer Julians Idealen nachstrebenden heidnischen Reaktion erscheinen: und eine solche wurde nun mit Feuereifer ins Werk gesetzt. Die Flammen loderten wieder auf den Altären, und in den Eingeweiden der

---

[88] Paulinus vita Ambr. 27.
[89] Ambr. epist. 57.
[90] Seeck bei Pauly-Wissowa 6, 2506 n. 14.

Opfertiere las man siegverkündende Zeichen für Eugenius[91]. Ein griechisches Orakel ging um, demzufolge der Christuskult nach 365 Jahren — also etwa 395 n. Chr. — erlöschen sollte[92]. Wir besitzen noch das Gedicht, in dem ein Christ seiner Empörung über die Neubelebung des Heidentums durch Flavian Ausdruck gibt und über seinen frühen Tod Genugtuung empfindet[93]. Als Arbogast und Flavian Mailand verließen, um gegen Theodosius zu ziehen, drohten sie, bei der siegreichen Heimkehr die Kirchen zu Pferdeställen und die Kleriker zu Soldaten zu machen[94].

Das machtpolitische Ringen war dank der Haltung des Ambrosius zum Religionskrieg geworden, und in der Entscheidungsschlacht an der Wippach (Frigidus) im Karst kämpften die Truppen des Eugenius unter den Zeichen des Juppiter und des Hercules[95]. Theodosius fühlte sich als Streiter Christi und zog mit dem siegverheißenden Segen eines der Weissagung gewürdigten Einsiedlers der thebanischen Wüste zu Felde, nachdem er, von Klerus und Volk geleitet, Bittgänge zu den Gräbern der Apostel und Märtyrer veranstaltet hatte. Und wie durch ein Wunder ward ihm der Sieg, den eine plötzlich einsetzende Bora zur vernichtenden Niederlage des Feindes gestaltete. Eugenius wurde flüchtend gefangen und sofort enthauptet (6. September 394): auch Arbogast und Flavian fanden den Tod[96].

Sobald Eugenius Mailand verlassen hatte, war Ambrosius auf seinen Bischofsthron zurückgekehrt: das war Anfang August gewesen. Fünf Wochen später fiel die Entscheidung. Theodosius meldete das Gottesgericht dem Ambrosius und dieser nahm den kaiserlichen Brief und hielt ihn beim Meßopfer in der Hand, um so den sakramentalen Dank des Königs mit dem des Priesters zu vereinigen. Es war beiden Männern tiefster, heiliger Ernst mit diesem Gefühl, und jeder wußte, was er an dem andern hatte.

---

91 Rufin KG 11, 33 Sozomenus 7, 22, 4—5.
92 Augustin civ. dei 18, 53.
93 Mommsen, Ges. Schriften 7, 485—498. O. Barkowski de carmine adv. Flavianum. Diss. Königsberg 1912.
94 Paulinus vita Ambr. 31.
95 Aug. civ. dei 5, 26 Theodoret KG 5, 24, 4. 17.
96 Rufin KG 11, 32. 33.

Der Kaiser vermutete den Bischof noch in der Ferne, weil er ihm keine unbedingte Zuversicht auf den Sieg der Ostarmee zutraute — er hatte sie ja selbst nicht so recht gehabt. Jetzt konnte ihm Ambrosius stolz melden, daß er der guten Sache sicher gewesen sei, und seiner bischöflichen Pflicht getreu verband er mit seinen Glückwünschen die Bitte um Gnade für die reuigen und in den Schutz der Kirche flüchtenden Gegner[97]. Seinen Briefen folgte der Bischof selbst nach Aquileia. Als er dem Kaiser entgegentrat, warf sich ihm der Kaiser zu Füßen und bezeugte, daß er den Sieg seinem Verdienst und seinen Gebeten verdanke — so erzählt wenigstens des Ambrosius Biograph Paulinus[98]. Und es ist nicht undenkbar. Die einst von dem Bischof erteilte Lektion war so tief eingedrungen, daß Theodosius auch nach der Schlacht an der Wippach um des vergossenen Blutes willen sich vom Genuß des Sakramentes ausschloß, bis er durch die glückliche Ankunft seiner Söhne ein Zeichen göttlicher Vergebung erhielt[99].

Man mag darin eine gewisse innere Unsicherheit erblicken, die grell absticht von der Geradlinigkeit des Ambrosius. Aber man wird dem aufrichtigen Willen des Kaisers zur Erfüllung seiner Christenpflicht die Anerkennung nicht versagen. Gleich zu Beginn des Feldzuges war ihm ein erschütterndes Memento mori geworden; seine heißgeliebte Gattin Galla war bei der Geburt eines Kindes gestorben, und auch das Kind war tot. Er selbst litt an der Wassersucht und erlag der Krankheit am 17. Januar 395. Schwere Erdbeben, die im Herbst 394 Europa heimsuchten, erschienen der Welt als Vorzeichen seines Todes[100]. Ambrosius eröffnete mit diesem Hinweis seine Gedächtnisrede bei der Totenfeier in Mailand und schildert dann den heimgegangenen Kaiser als das Musterbild eines christlichen Herrschers, dessen Lebenssumme das letzte Wort des Sterbenden: „Ich habe geliebt" im Sinne des Apostelwortes „die Liebe ist des Gesetzes Erfüllung" (Röm. 13, 10) umschreibt. Wir hören von seiner steten Bereit-

---

[97] Ambr. epist. 61. 62.
[98] Paulinus vita Ambr. 31.
[99] Ambr. de obitu Theod. 34.
[100] Zosimus 4, 57, 3. Philostorgius 11, 2. Socrates 5, 26, 4. Ambr. de obitu Theod. 1. Chron. min. 2, 64.

schaft zu vergeben, seiner Barmherzigkeit, seiner Demut vor Gott, und Ambrosius zeigt ihn uns im Himmel, wie er seine vorangegangenen Kinder, seinen Vater, endlich den Kaiser Konstantin begrüßt. Und dann vernehmen wir ein Preislied der Helena, die das Kreuz fand und aus den heiligen Nägeln einen Zaum und einen Diademring schmieden ließ, Kleinodien, die seitdem die Insignien des christlichen Kaisertums sind. Der zehnjährige Honorius und sein Vormund, Generalissimus und Schwager Stilicho wohnten der Feier bei, und Ambrosius unterläßt nicht, sie zur Durchführung der letzten politischen Anordnungen des Theodosius zu ermahnen. Er tut es mit einer Selbstverständlichkeit, die uns zunächst befremdet, die aber aus dem Kern seiner Persönlichkeit quillt. Er ist nun einmal der Politiker von Gaben und Familientradition, er gehörte schon zu den Großen dieser Welt, ehe er Bischof wurde, und er war nicht umsonst der Seelsorger und politische Vertraute dreier Kaiser gewesen. Das wußten auch die Kaiser: Theodosius vergab sich nichts, wenn er sich vor dem Mann beugte, in dem sich die klassische Würde der römischen Staatsgesinnung mit dem tiefen Ernst christlicher Lebensauffassung vereinigte. Die Rede auf Theodosius war in gewissem Sinne das kirchenpolitische Testament des Ambrosius. Er schied fortab aus dem Treiben der großen Politik und lebte nur seinem bischöflichen Amt und literarischer Arbeit. Nach wenig mehr als zwei Jahren ist er am 4. April 397 dem Theodosius in die Ewigkeit gefolgt. Sein Alter ist uns nicht sicher überliefert: der Ansatz auf 64 Jahre hat die meiste Wahrscheinlichkeit[101]. Bischof ist er 23 Jahre gewesen.

---

[101] Rauschen, Jahrbücher S. 273 A. 7.

5. Volksfrömmigkeit im vierten Jahrhundert

Das vierte Jahrhundert ist die Zeit des entscheidenden Strukturwandels für die christliche Kirche im Raume der abendländischen Kulturwelt. Bis auf Konstantin war sie eine durch ihre inneren Kräfte zusammengehaltene freiwillige Gemeinschaft der Christusgläubigen gewesen, deren Lebensformen und deren Geist durch ihr eigenes Wesen bestimmt wurde, auch hinsichtlich der Dinge, die sie aus der umgebenden Welt übernahm. Dem Staat stand sie bei aller formellen Untertänigkeit mit innerer Ablehnung gegenüber und wurde von ihm dafür durch gelegentliche Verfolgungen und den Zustand des allgemeinen Existenzverbotes gestraft. Wer sich dieser Kirche anschloß, tat es auf Gefahr seiner Lebensstellung, zuweilen auch wirklich des physischen Lebens. Und er mußte obendrein noch auf mancherlei Annehmlichkeiten einer sittlich unbekümmerten Lebensführung verzichten und eine straffe Zucht über sich ergehen lassen. Alles das stieß den Alltagsmenschen ab und lockte nur tiefer empfindende Seelen. Es bedurfte eines echten sittlichen Entschlusses, um Christ zu werden, und die Gemeinden durften sich wohl als eine Schar von Auserwählten fühlen.

In dem Augenblick, als Konstantin das Steuer herumwarf und die Kirche nicht nur anerkannte, sondern offen begünstigte, und vollends seit Theodosius das Christentum zur alleinigen Staatsreligion machte, änderte sich das alles von Grund auf. Gehörte bisher Mut dazu, in die Kirche einzutreten, so brauchte man diese Eigenschaft nunmehr eher, wenn man ihr fernbleiben wollte. Das christliche Bekenntnis fing an, als Empfehlung bei irdischen Geschäften und in der Laufbahn des Beamten zu dienen. Weite Kreise der guten Gesellschaft legten Wert auf kirchliche Betätigung — kurz, die Kirche wurde zu einem wesentlichen Element des öffentlichen Lebens, sie wurde ein unentbehrliches Stück der „Welt“, die sie bis dahin leidenschaftlich bekämpft hatte.

Das konnte nicht ohne Wirkung auf das innerkirchliche Leben bleiben, und die breiten Massen, die nun in die Gemeinden einströmten, formten durch ihr Schwergewicht auch die geistlichen Gaben der Kirche nach ihren durch naturreligiöse Empfindungen bestimmten Bedürfnisse. Lebhafter als je werden jetzt die Sakramente als das höchste Heilsgut der Kirche gepriesen, und die Kluft zwischen den getauften Vollchristen und der großen Volksmasse der Katechumenen, der Anwärter auf die Mitgliedschaft, erweitert sich zusehends. Der von jeher nur den Getauften zugängliche Abendmahlsgottesdienst wird jetzt erst mit planmäßig ausgesponnenem Geheimnis umhüllt, und die Prediger deuten vor der Menge gern mit einem „die Eingeweihten wissen, was ich meine" auf sakramentale Beziehungen hin. Aber auch die Taufe erhält den Schleier des Mysteriums, und beim Unterricht wird den Bewerbern eingeschärft, daß sie den Katechumenen nichts von dem Inhalt der Unterweisungen mitteilen dürfen[1]. Insbesondere ist auch das Taufsymbol geheimzuhalten und nicht aufzuschreiben, sondern im Gedächtnis aufzubewahren[2]. Das Auswendiglernen des Symbols ist altkirchliche und pädagogisch begründete Sitte, wird aber jetzt vom Mysterium aus verstanden. Im Ritus erwuchs daraus eine besondere Handlung, die Traditio Symboli, bei der das Symbol den Hörern feierlich vorgesprochen wurde, damit sie den Wortlaut behalten konnten, und nach acht Tagen die Redditio Symboli, das Aufsagen des Textes durch jeden Einzelnen[3].

Der geheimnisvolle Charakter des Meßopfers und Abendmahls findet allein schon durch die jetzt einsetzende Verhüllung des Altars mit einem Vorhang eine sinnlich wirksame Betonung. Eine Nebenwirkung ist, daß nun auch das zum Meßritus ge-

---

[1] Kyrill v. Jerus. Prokatechesis 12.

[2] Kyrill, Katech. 5, 12, vgl. Hieron. c. Joh. Hieros. 28, Rufin expl. symboli 2 p. 54 Vallarsi und schon Irenaeus 3, 4, 1—2. Augustin sermo 212, 2 214, 1.

[3] Ritual im Sacramentarium Gelasianum n. 35 (p. 53 ed. H. A. Wilson. I, 539 Muratori) und Missale Gallicanum vetus n. 11 (2, 710 ed. Muratori). Vgl. Rufin expl. symb. 3 p. 55 Vall. Augustin conf. 8, 2, 5. Conc. Laodic. can. 46.

hörige Vaterunser der weiteren Christenheit entzogen und nur den Getauften vorbehalten wird, die allein[4] das Recht haben, Gott ihren Vater zu nennen.Und so wird es denn auch an manchen Orten mit dem Symbol zusammen als Gegenstand der Traditio und Redditio behandelt[5]. Aber hier zeigt sich am deutlichsten, daß diese ganze Geheimniskrämerei nur Schein und äußerliche Form ist. Denn das Vaterunser ist selbstverständlich immer und überall Gemeingut auch der Katechumenen und wird von den Predigern in voller Ausführlichkeit im großen Gemeindegottesdienst erklärt — was doch mit dem Symbol nie geschieht. Aber man ergreift gern jede Gelegenheit, den mystischen Charakter der „eingeweihten" Sakramentsgemeinde gegenüber der profanen Masse der Katechumenen herauszustellen und neigt zu der Forderung, daß die Ungetauften das Vaterunser zwar kennen, aber nicht selbst beten dürfen[6].

In all diesen Erscheinungen haben wir nicht nur ein Entgegenkommen gegen die mystischen Stimmungen der Zeit, sondern ebensosehr eine Selbsthilfe der Kirche gegen das Einströmen der nur äußerliche Christianisierung begehrenden Massen zu erblicken. Wer nur diese letztere wollte, konnte sich mit dem Katechumenat begnügen, das ohnehin schon durch die Unterstellung unter die kirchliche Sittenzucht genügend unbequeme Anforderungen erhob.

Voraussetzung für diese ganze Trennung war das ungeschwächte Bestehen des altchristlichen Grundsatzes, nur Erwachsene zu taufen, die nach vorgängiger katechetischer Belehrung mit freiem Entschluß das Sakrament begehrten. Und die mit stärkster Betonung überall eingeschärfte sündentilgende Kraft der Taufe ließ es ratsam erscheinen, diesen entscheidenden Akt bis zum letztmöglichen Augenblick aufzusparen. Wer, wie Kaiser Konstantin, das Sakrament auf dem Totenbett empfing, durfte hoffen, als Sündloser in den Himmel einzugehn — da ihm ja

---

[4] Joh. Chrys. in Matth. hom. 19, 5 (7, 252c Montf.) Theodoret haeret. fabul. 5, 28 (4, 479 Schulze).

[5] Augustin sermo 56, 1 57, 1. 2 58, 1 59, 1.

[6] s. o. Anm. 4 und besonders scharf Const. apost. 8, 34, 11.

kaum eine Möglichkeit neuen Sündigens gegeben war. Und so dachten die meisten, derart, daß die Prediger fleißig vor diesem gefährlichen Spiel mit der Langmut Gottes warnen und nicht müde werden, die mannigfachen Ausreden zu widerlegen, mit denen die Übernahme der Pflichten des Vollchristen immer wieder hinausgeschoben wird[7]. Die Kindertaufe wird zwar empfohlen als das sicherste Mittel, Leib und Seele des heranwachsenden Menschen zu heiligen[8], aber der Rat wird selten befolgt. Als der kleine Augustin einmal plötzlich schwer erkrankte, wurde sofort seine Taufe vorbereitet, als aber ebenso plötzlich die Gefahr vorüberging, schob man die heilige Handlung wieder auf[9]. Zahlreich sind die Inschriften, die von der Spendung der Taufe kurz vor dem Tode berichten[10], und es werden uns da Lebensalter vom ersten Jahre bis in die vierziger Jahre genannt. Als Zweiundvierzigjähriger empfing 359 der durch seinen schönen Sarkophag berühmte römische Stadtpräfekt Junius Bassus auf dem Totenbett die Taufe[11]. Die Regel ist in diesen Jahrhunderten die Taufe der Erwachsenen: Kinder tauft man zumeist nur, wenn sie erkranken.

Dadurch ist der Kirche die Möglichkeit gegeben, neben der Predigt, die der großen Masse gilt, eine weitere und eindringlichere Erziehung an der zur Taufe kommenden Auswahl ernsterer Christen zu üben. Und eben diese Unterweisungen sind uns eine wertvolle Quelle zur Erkenntnis der Frömmigkeit, welche die Kirche in den Seelen ihrer Gläubigen erwecken wollte, und sie ergänzen das aus den Predigten zu gewinnende Bild in wesentlichen Stücken. Äußerungen der Laien selbst, die für uns das Wichtigste sein würden, liegen so gut wie gar nicht vor: die Inschriften, die man hoffnungsvoll befragt, sind infolge ihrer

---

[7] Basilius hom. 13, 5—7 (2, 117 ff. Garnier). Gregor Naz. oratio 40, 11—12. 20—21 (1, 698 f. 706 f. Bened.). Joh. Chrys. ad illum. catech. 1, 1 (2, 226 d).

[8] Greg. Naz. or. 40, 28 (1, 713 f.).

[9] Aug. conf. 1, 11, 17, vgl. auch die Geschichte 4, 4, 8.

[10] Sammlung bei Diehl, Inscr. lat. christ. cap. 7 nr. 1477—1509 und nr. 1523—1543. C. Wessel, Inscr. graec. christ. n. 359 ff.

[11] Diehl n. 90.

dürftigen und formelhaft erstarrten Sprache wenig ausgiebig. Wir müssen uns begnügen, aus den Lehren der Prediger und den Formen des Kultus Rückschlüsse auf die Geisteshaltung des Kirchenvolkes zu machen: und wenn die von verschiedenen Orten aus gezogenen Linien sich zu einem harmonischen Ganzen vereinigen, dürfen wir hoffen, der Wirklichkeit nahe gekommen zu sein.

Wir wenden uns nun zunächst an unsere älteste und zugleich ausgiebigste lehrhafte Quelle, die Katechesen des Kyrill von Jerusalem aus der Mitte des vierten Jahrhunderts: sie sind um 350 in der Grabeskirche gehalten worden[12]. Der Bischof weiß recht wohl, daß nicht alle seine Taufbewerber aus reinster Absicht kommen. Manche tun es aus bloßer Neugierde, andere unter fremden Einfluß, um einem Freund oder, wenn sie Sklaven sind, ihrem Herrn gefällig zu sein, auch die Hoffnung auf eine ersehnte Ehe führt manchen in diesen Kreis. Den Prediger beirrt das nicht: mag der Köder sein, welcher er will, er wirft seine Angel aus und hofft, daß der Ernst der Stunde auch den Leichtfertigen ergreifen wird. Denn ein reiner Vorsatz ist vor allem nötig, der mit festem Entschluß diese 40tägige Fastenzeit zum Ablegen der gewohnten Fehler und Laster benutzt, der an sich zu arbeiten, Buße zu tun bereit ist. Nur einmal im Leben bietet sich dem Christen die Taufe und sie kennt nur e i n e Vorbedingung, den guten Willen, den aber auch unbedingt. Also meide von heute ab jede böse Handlung, auch der Zunge und des Auges[13]. So wird die Zeit der Katechese eine Periode sittlicher Selbstzucht. Daneben aber geht einher der mystische Zauber des Rituals. Vor jeder Unterrichtsstunde wird an jedem Einzelnen der Exorzismus vorgenommen: sein Haupt wird mit einem Tuche verhüllt, die der Bibel entlehnten Beschwörungsformeln werden gesprochen, und der Bischof bläst ihn an: dann flieht der Dämon, die Sünde weicht und mit dem heiligen Geist zieht das Heil und die Hoffnung des ewigen Lebens in die Seele[14].

---

[12] s. Bd. 3, 246.
[13] Kyrill, Procatech. 1—8.
[14] ebd. 9.

Mystische Handlung und inneres Streben sind zur Einheit verbunden: das ist das Kennzeichen dieser Kirchenfrömmigkeit, die sich die Formsprache der Naturreligion zu eigen gemacht hat. Daher nun auch die Warnung vor dem Ausplaudern der neu zu erfahrenden Geheimnisse, „denn wir überliefern dir ein Mysterium und die Hoffnung des künftigen Aions, bewahre das Mysterium dem, der den Lohn spendet" — nämlich für das treue Hüten des Geheimnisses[15]. Aber aus allen Formeln ringt sich doch immer wieder das Hauptziel des Predigers hervor: die Stärkung des sittlichen Willens[16]. Die ganze erste Katechese ist voll davon, sie mahnt, jetzt zur Beichte zu gehn, die Exorzismen fleißig zu benutzen, jegliche irdische Sorge abzutun und die 40 Tage nur zum Ringen um das Seelenheil zu verwenden, den persönlichen Feinden zu vergeben und die Seele durch biblische Lesungen zu nähren[17]. Denn die Sünde ist das aus unsrem freien Willen entsprossene Böse, für das wir persönlich die volle Verantwortung tragen, auch wenn der Teufel uns durch seine Verführungskünste betört hat[18]: aber darum steht es auch bei uns, durch freiwillig übernommene Buße Vergebung der Sünden zu gewinnen. Diese erfolgt in der Taufe, ohne die es kein Heil gibt. Über ihre Wirksamkeit wird der Hörer in zutreffender Ausdeutung von Röm. 6 belehrt: der Sünder wird im Wasserbad begraben so wie Jesus im Felsengrab und läßt dort seine eigenen Sünden zurück, wie Jesus die Sünden der Welt dort begrub. Und nach dem Vorbild des Herrn steigt der Getaufte aus dem Wasser empor zu einem neuen Leben in der Kraft des heiligen Geistes, der ihn nunmehr siegreich gegen die feindlichen Mächte kämpfen läßt. Und in diesem Kampfe soll, kann und wird er Fortschritte machen und zunehmen an Gnade[19]. Dies Wunder zu wirken wird das Wasser fähig durch die liturgische Anrufung des Hl. Geistes, Christi und des Vaters. Und in diesem Zusammenhang vernehmen wir, daß ohne dies Wassersiegel auch ein tugend-

[15] ebd. 12.
[16] ebd. 15.
[17] Catech. 1, 5 f.
[18] Catech. 2, 1—4.
[19] Catech. 3, 12—14.

hafter Mensch nicht in das Himmelreich kommen kann[20]. Das Sakrament erst macht den sittlichen Aufschwung des natürlichen Willens, den der Katechumenenunterricht erwecken will, zu einer christlichen Tat, die von Gott ihren Lohn erhält — aber anfangen muß eben doch der Mensch mit seinem Willen! Ist er erst einmal in der Gemeinschaft der Getauften, dann fördert ihn die himmlische Kraft der sakramentalen Gnade von Stufe zu Stufe. Die Christenheit lebt von frommen Lehren und guten Werken: eins ohne das andere ist wertlos[21].

Dieser Grundsatz leitet nun die theologische Belehrung über die Glaubenssätze der Kirche ein, die nach dem Taufsymbol gegliedert ist und sich über 12 Katechesen erstreckt, denen in der vierten eine summarische Zusammenfassung des Stoffes und in der fünften eine Erörterung über das Wesen des Glaubens vorausgeschickt ist. Das Wort Glaube bezeichnet zwei Dinge[22]. Erstens etwas „Dogmatisches", nämlich die gläubige Annahme der evangelischen Botschaft, daß Jesus Christus der Herr ist und Gott ihn von den Toten auferweckt hat. Wer das annimmt, wird gerettet und kommt ins Paradies: er darf nicht zweifeln, ob das auch möglich sei. Zweitens ist unter Glaube eine Gnadengabe verstanden, die „Berge versetzen", d. h. übermenschliche Leistungen und Wundertaten vollbringen kann. Das ist gut biblisch formuliert, und wenn der Prediger dann fortfährt, das Taufsymbol enthalte in knapper Zusammenfassung „das ganze Dogma des Glaubens", so wie es von der Kirche überliefert sei, so vergißt er nicht hinzuzufügen, daß dies durch die ganze Schrift bekräftigt werde[23].

Die Gotteslehre wird gegen Häretiker und den Dualismus der Manichäer zeitgemäß gesichert: der Polytheismus wird kurz abgetan — er ist ein längst überwundener Gegner. Aus Bibel und Natur offenbart sich uns der unsichtbare, vollkommene, das Böse langmütig zulassende Schöpfer und Erhalter des Kosmos[24].

---

20 Catech. 3, 3—4.
21 Catech. 4, 2.
22 Catech. 5, 10—11.
23 Catech. 5, 12.
24 Catech. 9.

Aber wir dürfen nicht vergessen, daß all unsre Aussagen über ihn durch die Schranken der menschlichen Natur und ihre Schwachheit begrenzt sind und kein irdisches Lob ihn würdig zu preisen vermag[25]. Und dieses unser Unvermögen erstreckt sich auch auf das Begreifen des Verhältnisses von Vater und Sohn: wir können über das Wie der Zeugung des Sohnes nichts aussagen, nur das „Nicht so" ist uns möglich — und die mangelnde nicaenische Orthodoxie des Predigers kommt in der Formel des Homoios klar zum Ausdruck. Später warnt er einmal seine Hörer, sich über die Begriffe Physis und Hypostasis den Kopf zu zerbrechen, denn darüber stehe nichts geschrieben[26].

Kyrills ständiges Bemühen ist, aus der Bibel alle seine Lehren zu entwickeln, und gegen Ende tut er sichtlich des Guten zuviel und ermüdet seine Schüler[27]. Aber daß er sie zum fleißigen Lesen in der Heiligen Schrift aufruft, ist ein bemerkenswertes Zeichen seiner Seelsorge[28], das uns zugleich beweist, daß in den Häusern seiner Gemeinde Bibeln, oder wenigstens Teile davon, keine Seltenheit sind. Daher wird denn auch eine Übersicht über die kanonischen Bücher der Bibel gegeben und vor dem Lesen von Apokryphen eindringlich gewarnt[29]. Er beantwortet die unerläßliche Frage, warum Gott Mensch geworden ist — natürlich aus der Bibel. Gott der Logos kam herab, um die sündige Menschheit zu erlösen. Er nahm statt seiner göttlichen Herrlichkeit menschliche Gestalt an, damit wir seinen Anblick ertragen könnten. Das Fleich ist das Organ, dessen sich der Teufel gegen uns bedient: also nahm der Herr unser Fleisch an, damit es die Kraft der Gottheit verspüre und Werkzeug unseres Heils werde[30]. Und das Dilemma des Anselm bereitet sich schon vor in dem Satz, daß eins von beiden geschehen mußte: entweder beharrte Gott auf seiner Strafandrohung gegen die Sünder und vernichtete alle, oder er erbarmte sich und hob sein Urteil auf[31].

---

[25] Catech. 6, 3—4.
[26] Catech. 11, 11 4, 7 11, 4 16, 24.
[27] Catech. 17, 1. 20. 30 16, 25. 32 18, 17. 30.
[28] Catech. 9, 13 vgl. 1, 5 17, 34.
[29] Catech. 4, 33—36.
[30] Catech. 12, 4. 14—15.
[31] Catech. 13, 33.

Der Tod am Kreuz ist dieser Generation kein Ärgernis mehr, seitdem das Kreuz längst zum Heilszeichen geworden ist, das auch die Dämonen mit Furcht und Zittern anerkennen[32]. Und nun vollends in Jerusalem, wo die Kreuzesreliquie aufbewahrt wird, wo man Golgatha und das Haus des Kaiphas und das Richthaus des Pilatus und das heilige Grab täglich vor Augen hat, wird die Passionsgeschichte mit ihrer biblischen Weissagung und Erfüllung eine augenfällige Wirklichkeit, über der das Grundbekenntnis schwebt: ich bekenne mich zum Kreuz, weil ich von der Auferstehung weiß[33]. Hier gibt es keine Zweifelsfragen, und auch Christi Himmelfahrt bedeutet kein Fernsein von der Gemeinde. „Hier ist er, mitten unter uns, und hört, was von ihm gesagt wird, und sieht, was du bei dir denkst, und prüft Herzen und Nieren. Er ist bereit, euch alle, die ihr die Taufe begehrt, im heiligen Geist zum Vater zu bringen und zu sprechen: Siehe hier bin ich und die Kinder, die mir Gott gegeben hat"[34].

Aber am jüngsten Tage wird er zum Gericht kommen, über die Lebendigen und alle Toten seit Adams Zeiten, über Menschen und Engel. Zu verwerfen sind alle neugierigen Rechenkünste, die jenen Tag bestimmen wollen, den sich doch der Vater allein vorbehalten hat. Aber die Zeichen der Zeit nennt uns die Schrift, und wer um sich blickt, wird mit Schrecken gewahr werden, wie der geweissagte Abfall zu den Häresien sich vollzieht, wie Kriegseinfälle der Heiden, Spaltungen der Kirchen, Haß unter Brüdern das Kommen des Antichrist verkünden[35]. Wenn sich die Zeichen nach der Schrift vollendet haben, erscheint der unbestechliche Richter. Du brauchst ihn nicht zu fürchten, wenn du tapfer gerungen und gearbeitet hast. Nichts davon ist verloren. Im Buch verzeichnet ist jedes Gebet, jeder Psalm, jedes Almosen, jedes Fasten, jede gute Ehe und jede um Gottes Willen getragene Witwenschaft. Und den Ehrenkranz erlangt Jungfräulichkeit und Keuschheit. Aber im Buch steht auf der andern Seite jede

---

[32] Catech. 13, 3. 36, vgl. Catech. 17, 35.
[33] Catech. 13, 4.
[34] Catech. 14, 30.
[35] Catech. 15, 18.

Hurerei, jeder Meineid, Lästerung, Zauberei, Diebstahl, Mord — das alles löscht jetzt die Taufe aus: wehe, wenn die bösen Taten wiederkehren! Seht auf den Weg, der vor euch liegt, er weist euch zum Himmelreich oder zum ewigen Feuer. Jetzt ist es Zeit zu handeln nach Christi Geboten[36].

Als der Prediger zum dritten Artikel kommt, zollt er der Problematik der Zeit seinen Tribut, indem er gegen Ketzer polemisiert und über Trinität spricht, aber er tut es mit großer Zurückhaltung und geht schnell auf das biblische Feld und trägt die Aussagen der Schrift über den Geist mit großer Ausführlichkeit vor. Und dabei wird dem Hörer ganz einfach klar gemacht, daß Geist (Pneuma) an sich ein mehrdeutiges Wort ist: es bezeichnet alles, was keinen festen Körper hat, und wird deshalb sowohl von bösen Dämonen wie von der Menschenseele wie vom Winde und so denn auch von himmlischen Wesen und vom heiligen Geist gebraucht[37]. Da berührt sich der Theolog ganz nahe mit der volkstümlichen Anschauungsweise, und wir verstehen, wie er nachher auseinandersetzt, ein im Besitz des hl. Geistes befindlicher Mensch könne durch diese ihm innewohnende Geisteskraft mit seinem Gebet einen Dämon überwältigen und ihn durch einfaches Anblasen verscheuchen[38]. Eben das übt ja der Bischof beim Exorzismus.

Die Auferstehungshoffnung wird als durchaus denkbare Möglichkeit aus zahlreichen Beispielen der Natur erwiesen und dann aus der Schrift begründet. Und auch sie dient als Ansporn zu einer sittlichen Lebensführung, ja sie ist „die Wurzel alles guten Werkes“, weil sie der Seele die Hoffnung auf Lohn vor Augen stellt. Und wenn es dieser Leib ist, dem die Auferstehung verheißen wird, so wird der Gläubige sich hüten, ihn durch Unzucht zu beflecken oder durch Narben der Sünde zu entstellen[39]. Das ewige Leben, zu dem wir uns bekennen, ist der vom Herrn verheißene Siegespreis des christlichen Wettkampfes (Agon) auf

[36] Catech. 15, 23. 26.
[37] Catech. 16, 15.
[38] Catech. 16, 19.
[39] Catech. 18, 1. 20.

dieser Erde[40]. Das ist ein altchristliches Bild, das lebendig geblieben ist.

Aber verblaßt ist die Erinnerung an die begeisterte Pracht der Sprache, mit der einst die Alten die Kirche zu feiern pflegten. Ja, sie ist die katholische, d. h. weltumspannende Lehranstalt und Hüterin aller der Glaubenssätze, die zur Kenntnis der Menschen kommen müssen, heilt alle mit Leib und Seele begangenen Sünden und birgt in sich jegliche Art von Tugend, die sich in Taten, Worten und geistlichen Gnadengaben auszuwirken vermag[41]: und ihr Name „katholisch" unterscheidet sie von jeglichem häretischen Gebilde. Das wird dem Hörer gesagt und mit Bibelstellen beleuchtet, aber es klingt nüchtern und dürftig, zumal, wenn man es mit den enthusiastischen Preisliedern der Vergangenheit vergleicht. Das hat seinen guten Grund: Den Alten stand bei dem Wort Kirche die vom Himmel auf die Erde gestiegene Gemeinschaft der in Christus Verbundenen vor der Seele: Kyrill[42] denkt an die Kirche, die einst verfolgt, „jetzt in den Zeiten des Friedens durch Gottes Gnade die schuldige Ehre genießt von seiten der Kaiser und hohen Beamten und allen Rassen und Völkern der Menschheit". Da ist dann freilich der religiöse Sinn des Wortes im Schwinden. Das Abendland hat diese Abwertung nicht mitgemacht und von Cyprian bis Augustin eine klassische Lehre von der Kirche ausgebildet.

Es ist eine schlichte und dem leidlich gebildeten Laien wohl verständliche Theologie, die Kyrill seinen Taufbewerbern vorträgt: sie erstrebt mit der ganzen Energie altchristlicher Zucht sittlichen Aufschwung und unablässiges Streben nach Vervollkommnung des Wandels. Wir sehen die Gefahren der aus dem alten Leben und der heidnischen Umwelt erwachsenden Verführung und spüren den tiefen Ernst der Gerichtsdrohung, mit dem der Seelsorger vor der Sünde warnt: der ganze dieser Vorbereitung gewidmete Raum der 40 Tage (Tessarakoste)[43] soll auch mit

[40] Catech. 18, 28.
[41] Catech. 18, 23.
[42] Catech. 18, 27.
[43] s. Bd. 3, 317.

äußeren Mitteln zu einer Zeit der inneren Einkehr und echten Buße gemacht werden. Aber bei aller Betonung der freien Selbstverantwortlichkeit des Menschen wird doch kein Zweifel darüber gelassen, daß die Ausführung dieses sittlichen Programms nur durch das Wundererlebnis der Sakramente möglich ist. Erst muß die Taufe den alten Schutt der Sünden beseitigen und reine Bahn schaffen, dann vermag der neugeborene Wille des Menschen dank der Kraft des heiligen Geistes in Gottes Wegen zu wandeln.

Die „mystagogischen" Katechesen, die von Ostermontag bis zum Freitag vor den Neugetauften gesprochen sind, führen sie nun in die Welt des sakramentalen Geheimnisses ein. Noch einmal ziehen die Zeremonien des Taufrituals[44] mit ihrer naturreligiösen Symbolik an ihrem geistigen Auge vorüber, und wir hören nun, was alles an teuflischen Verlockungen den ungefestigten Alltagschristen umgibt: die lüsternen Schauspiele der Theater und Tingeltangel, das blutige Handwerk der Gladiatoren und Tierkämpfer, der halsbrechende Wahnsinn der Pferderennen. Aber auch der Genuß heidnischer Opferspeise kann zur Gefahr werden, denn in ihr wohnt die im Tempel herabbeschworene schädliche Macht der Dämonen. Und wehe dem, der an heidnischer Kultstätte betet, an heiligen Quellen Kerzen anzündet oder Weihrauch spendet, um nach altem Brauch einer Krankheit ledig zu werden! Und dann folgen alle die bösen Künste: Vogelschau, Wahrsagerei, Stimmendeutung, Amulette, Ringe mit Zaubergemmen und alle sonstige Magie — alles das geht im Schwange und wird von Namenchristen geübt. Diesen heidnischen Praktiken wird nun die Sakramentsmystik der Kirche entgegengestellt, anhebend bei dem Ritus des Exorzismus mit seinem Anblasen und seiner Salbung mit geweihtem Öl, das „durch die Anrufung (Epiklesis) des Namens Gottes und Gebet eine solche Kraft gewinnt, daß es nicht nur angezündet die Spuren der Sünden tilgt, sondern auch alle unsichtbaren Wirkungen des Bösen verjagt"[45]. Und das ebenfalls durch Epiklese

[44] s. Bd. 3, 315.
[45] Cat. myst. 2, 3.

geweihte Myron (Chrisma), das dem aus der Taufe Steigenden auf Stirn, Ohren, Nase und Brust gestrichen wird, ist das materielle Werkzeug des heiligen Geistes und vermittelt dem „Neugeborenen" die himmlischen Gaben. Der Bischof belehrt seine Hörer ausdrücklich darüber, daß dieses Öl durch die priesterliche Epiklese zum Träger sakramentaler Kraft geworden sei wie Brot und Wein beim Abendmahl[46].

Wir sehen den Weg offen, auf dem die naturreligiöse Verdinglichung in das Christentum einzieht und die primitiven Bedürfnisse des natürlichen Menschen befriedigend an die Stelle der verdrängten heidnischen Vorstellungen tritt. Dieser Vorgang erleichterte den Massen den Übergang zum Christentum, bedeutete aber zugleich eine schwere Gefahr für die Religion, wenn es nicht gelang, die Neugewonnenen aus diesen Niederungen auf die Höhe zu führen. Und eben darum mühen sich die besten Männer des vierten Jahrhunderts, mögen sie selbst auch noch so sehr im Banne dieses Ritualismus stecken. Noch ist all dies Weihen, Salben, Anblasen, Kreuzschlagen wie niederes Unterholz, über dem sich der majestätische Hochwald des eucharistischen Kultes erhebt. Und wer den kirchlichen Gottesdienst[47] in seinem dramatischen Aufbau und seiner Krönung durch das Mysterium der Gegenwart und Opferung des Herrn in den Elementen so andächtig miterlebt, wie es ihn die Kirche lehrt, wer in der Kommunion die Wunderspeise genießt und es empfindet, daß er durch sie „Christusträger" (Christophoros) wird und an der göttlichen Natur Anteil gewinnt[48], der ist zu echtem christlichen Aufstieg gerüstet.

Hier in der Wunderwirkung des eucharistischen Sakraments entspringen die Lebensquellen dieses Christentums, das in voller Unbekümmertheit um logische Schranken die unbedingte Selbstherrlichkeit des freien menschlichen Willens[49] zu sittlicher Höchstleistung aufruft und sich zugleich dessen klar bewußt ist, daß die

---

[46] Cat. myst. 3, 3.

[47] s. Bd. 3, 292.

[48] Cat. myst. 4, 3.

[49] Catech. 2, 1—2 4, 18—21; gegen den Gedanken einer Erbsünde 4, 19 f. 12, 26.

Erfüllung dieser Forderung nur durch die sakramentale Vergottung der menschlichen Natur bewirkt werden kann. Aber wer diesen Kampf gegen den Teufel und die Sünde aufnimmt, darf des himmlischen Lohnes sicher sein, dessen Unterpfand im Wunder des Sakraments bereits jetzt des Christen köstlicher Besitz ist: die ganze Lebenshaltung so gut wie jedes einzelne „gute Werk" des Christen wird belohnt.

Was Kyrill in seinen Katechesen ausspricht, sind wirklich die allgemeinen Grundgedanken der Christenlehre des vierten Jahrhunderts, die mit unwesentlichen Varianten überall wiederkehren und auch in den abendländischen Quellen begegnen. Und wenn man die bei aller Schlichtheit doch überlegenen Kenntnisse des Jerusalemer Bischofs abstreift, kann man sich aus seiner Darstellung ein Bild von dem Christentum der ernsthaften und gereiften Gläubigen machen, die sich bemühten, die Taufgnade unbefleckt zu erhalten und den Preis eines tugendhaften Lebens zu gewinnen. In Kreisen, die stärker von den theologischen Gegensätzen der Zeit berührt waren und streitbare Prediger zu Hirten hatten, werden wir ein entsprechendes Mehr von theologisch-philosophischem Dilettantismus und gegebenenfalls auch von Fanatismus anzusetzen haben.

Aber wie sah nun das Christentum aus, das auf dem Markt und in den Gassen bekannt war, von dem die Heiden wußten, und das die Katechumenen für ihren Glauben erklärten? Danach müssen wir die Prediger fragen, die es von den Predigtstühlen der Basiliken verkündigen, und müssen ihrer Seelsorge an den Massen nachgehn, um die Ziele ihres christlichen Erziehungswerkes kennen zu lernen.

Der älteste griechische Bischof, von dem wir nicht gelehrte oder rhetorisch ausgestaltete Homilien, sondern wirkliche Volkspredigten in großem Umfang erhalten haben, ist Johannes Chrysostomos, der Großstadtprediger von Antiochia. Im Jahre 386 trat er dieses Amt an, und von seinem ersten Tage an haben wir eine überreiche, ja in gewissem Sinne vollständige, Fülle seiner Predigten in stenographischen Nachschriften erhalten. Wenn wir den Worten des Kyrill in dem stillen Bezirk der Grabeskirche der Pilgerstadt Jerusalem lauschten, so führt uns Johannes mitten in das geräuschvolle Leben der Weltstadt und ihrer sich in der geräumigen Kirche drängenden Gemeinde. Der Prediger ist an guten Kirchenbesuch gewöhnt. Aber einmal ist Pferderennen, und da sind die Lücken in den Reihen der Hörer spürbar. Johannes rügt das Schwänzen und nimmt sich vor, die Fehlenden, wenn sie wiedererscheinen, zu schelten: aber am nächsten Tage macht er's doch gnädig und gibt ihnen auf, sich das Versäumte von den andern mitteilen zu lassen[50].

Die Hörer folgten dem Redner mit starker Anteilnahme. Es sind in dieser von kirchenpolitischen Kämpfen zerwühlten Stadt zu seiner Freude viele darunter, die mit dem nicaenischen Glauben noch nicht einig sind, aber diesen seinen Herold doch gern hören, ja ihn schließlich gebeten haben, über die Frage des Homousios zu predigen. Das will er tun, aber nicht in der Form der scharfen Polemik, sondern freundlich und mit dem Ziel, die Gegner zu gewinnen. Da rauscht der Beifall auf, und der Prediger mahnt die Hörer, nach diesem Grundsatz auch im täglichen Leben zu verfahren[51]. Es ist nicht selten, daß die Gemeinde ihre Zustimmung zu den Worten des Johannes kundgibt, aber wenn es zu lärmendem Händeklatschen kommt, werden sie daran erinnert, daß die Kirche kein Theater ist und die Würde des heiligen Ortes gewahrt werden muß[52]. Er tadelt es auch, daß man ihn wie einen Opernsänger anhört: wenn er geendet hat, geht man nach Hause, anstatt im Fortgang des Gottesdienstes dem großen Kirchengebet und dem Meßopfer andächtig beizuwohnen: und er findet da herrliche Worte über die Bedeutung und Kraft des gemeinsamen Gebets gegenüber der Ausrede: beten kann ich auch zu Hause[53]. Und es wirkt: diesmal bleiben die Leute da. Aber sie schwatzen während der heiligen Handlung und müssen am nächsten Tag dafür gescholten werden[54]. Der

---

50 Joh. Chrys. c. Anom. hom. 7, 1 (I, 501 b—d) 8, 1 (1, 513 e 514 b).

51 c. Anom. 1, 6—7 (1, 450—452).

52 c. Anom. 4, 7 (1, 471 a) de statuis 2, 4 (2, 25 a) hom. 17, 7 in Matth. (7, 232 d) hom. 4, 6 in 1. Cor. (10, 33 a) hom. 26, 8 in 1. Cor. (10, 239 e).

53 c. Anom. 3, 6 (1, 469 a).

54 c. Anom. 4, 4—5 (1, 477).

Prediger mahnt sie zum Ernst durch den Hinweis auf die Unglücksgestalten der Besessenen, die beim Gemeindegebet von einem Diakon hereingeführt und vor die Gemeinde hingestellt werden, damit die Fürbitte des Volkes noch eindringlicher werde. Wie kann man vor dem jämmerlichen Anblick tränenlos bleiben! Und du schwatzest munter? Fürchtest du nicht, ein Dämon könne von dort in deine unbewachte Seele überspringen? Und das in einer Stunde, da die Gemeinde den Geist erhebt, um mit den Engeln im Himmel das Dreimalheilig zu singen![55]

Aber Johannes selbst kann sich nicht über Mangel an Aufmerksamkeit beklagen, selbst wenn er zu den Höhen theologischer Spekulation aufsteigt: die Großstadtgemeinde ist solchen Dingen gewachsen und in jahrzehntelangen kirchlichen Kämpfen geschult. Wir haben zehn Predigten des Jahres 386/7 erhalten, in denen er sich gegen die Bestreiter des Homousios wendet, und wir müssen das große pädagogische Geschick anerkennen, mit dem er die Streitfrage auf ihre einfachste Formel zu bringen und jede abstrakte Gelehrsamkeit zu vermeiden versteht. Ja, er nimmt seinen Ausgang von der These, daß wir von Gottes Wesen (Usia) schlechterdings gar nichts wissen und infolge der Begrenztheit unserer Menschlichkeit auch nichts wissen können. Ja selbst den Engeln ist und bleibt Gott seinem Wesen nach unbegreiflich. Das lernen wir aus der Schrift, zugleich aber auch, daß der eingeborene Sohn, der in des Vaters Schoß ist, ihn erkennt wie er ist — weil er gleichen Wesens ist; und dasselbe gilt vom Heiligen Geist. Biblisch ist die Beweisführung, und Bibelstellen sind es auch, die vom Gegner vorgebracht und in ausführlicher Erläuterung von Johannes entkräftet werden. Alle Niedrigkeitsaussagen von und über Jesus sind aus besonderen, der Stelle zu entnehmenden Umständen zu erklären, wie denn auch sein Gebet am Grabe des Lazarus[56] nicht eine untergeordnete Abhängigkeit vom Vater, sondern erzieherische Rücksichtnahme auf die umstehenden Menschen beweist. Die Entschei-

---

[55] c. Anom. 4, 5 (1, 477) vgl. 3, 7 (1, 470e), s. Bd. 3, 297.
[56] c. Anom. 9 (1, 525), c. Anom. 7, 5 (1, 507c).

dung geben die Stellen, an denen er aus eigener Vollmacht straft und ehrt, Sünden vergibt und Gesetze erläßt, ohne den Vater bittend anzurufen: da will er seine himmlische Herkunft den Menschen offenbaren[57]. Es geht bei dieser Schriftauslegung zuweilen nicht ohne arge Künstelei ab, aber der Prediger macht alles so lebendig und versteht gelegentlich mit überraschenden Effekten zu arbeiten[58], so daß wir die gespannte Aufmerksamkeit der Gemeinde begreifen.

Kein Prediger vor oder nach Johannes hat in so hohem Grade seine Hörer zu planmäßiger Auslegung der Bibel erzogen: in den 12 Jahren seiner antiochenischen Wirksamkeit hat er in fortlaufenden Predigtreihen behandelt: die Genesis, eine Auswahl von Psalmen, die Evangelien des Matthäus und Johannes sowie die meisten Paulusbriefe. Und diese biblische Erziehung durch einen wirklich zum Ausleger berufenen Prediger muß man mit in Rechnung stellen, wenn man die Frömmigkeit der antiochenischen Gemeinde erfassen will: wir werden noch darauf zurückkommen.

Nicht bloß das Verhältnis zum Heidentum war in Antiochia ein Problem für die Christen, sondern auch zum Judentum spannen sich seltsame Fäden. Wir hören auch aus andern Quellen und von andern Orten ähnliche Dinge, nämlich daß man die Synagoge besuchte, die jüdischen Fasten hielt und sich an den Festfeiern in der Synagoge sogar durch Ölspenden beteiligte. In Spanien gab es Leute, die über ihren Äckern vom Rabbi den Feldsegen sprechen ließen, und auch in Afrika war die Befolgung jüdischer Bräuche und Festsitten im Schwange[59]. In Antiochia spielte dieses Liebäugeln mit dem Judentum eine bedenkliche Rolle. Man suchte Heilung bei jüdischen Ärzten und ließ sich von ihnen kultische Vorschriften, sogar Inkubation in der Synagoge auferlegen, man ging bei besonders wichtigen Vereinbarungen in die Synagoge und schwor dort den Eid, weil man

---

[57] c. Anom. 10, 3 (1, 532 d).

[58] z. B. c. Anom. 8, 4—6 (1, 518 d. 521 a. d).

[59] Canon. apost. 64. 70. 71. Const. apost. 2, 61, 1. Conc. Laod. can. 37. 38. Conc. Elvira can. 49. 50. Statuta eccl. Afric. 89 (Bruns Canones apost. et conc. 1, 149).

fest glaubte, die vor dem Thoraschrein ausgesprochenen Verfluchungsformeln seien kräftiger wirksam. Und wer die Fasten der Juden und ihre Feiertage mitmachte, erhoffte ohne Zweifel davon einen geheimen Gewinn. Besondere Anziehungskraft besaß das Neujahrsfest mit dem Schaugepränge des Posaunenblasens, und da mag auch manche harmlose Seele aus bloßer Neugier mit in die Synagoge gegangen sein[60]. Jedenfalls war dieser Verkehr mit der Judenschaft nicht religiöser Art und nicht von irgendeiner besonderen Hinneigung zur alttestamentlichen Religion bestimmt, sondern ein Ausfluß der unausrottbaren abergläubischen Vorstellung, daß in besonderen Notfällen die Hilfe auf Schleichwegen außerhalb der gewohnten religiösen Heimat mit größerer Sicherheit erreicht wird.

Heidentum und Judentum teilten sich in die Masse der nach zauberkräftigem Beistand suchenden Mitglieder der Christengemeinde. Wenn der Seelsorger diese Fahnenflüchtigen zur Rede stellte, hatten sie gute Entschuldigungsgründe — und so entschloß sich denn Johannes im Herbst 386, als das jüdische Neujahrsfest vor der Tür stand, mit diesem Aberglauben vor der Öffentlichkeit der Kirchgemeinde abzurechnen — und er hat das im nächsten Jahr um die gleiche Zeit wiederholt. Ja es ist so, daß viele Leute die jüdische Religion und ihre Riten für etwas Ehrwürdiges halten, ja die Meinung äußern, daß auch die Juden den wahren Gott verehren. Nichts kann falscher sein: kein Jude verehrt Gott, und in der Synagoge wohnt der Teufel und seine Dämonen, was dort getrieben wird, ist nichts anderes als Götzendienst. Aber es ist doch ein heiliger Ort, sagst du, weil dort die Bücher des Gesetzes und der Propheten aufbewahrt werden? Die heiligen Bücher liegen auch in der Tempelbibliothek des Serapeion zu Alexandria: Ptolemaios Philadelphos hat sie dafür übersetzen lassen. Ist darum das Serapeion ein heiliger Ort? Nein, sondern es ist und bleibt ein Versammlungsort der Götzendiener. So ist es auch mit der Synagoge. Wir haben nichts mit den

---

[60] Joh. Chrys. c. Jud. hom. 1, 7 (1, 598 b) 1, 6 (595 d) 8,5 (681 c): dazu H. Usener, Weihnachtsfest² 235; 1, 3 (591 a, c) 1, 8 (599 c) 2,1 (601 b) 8, 5—6 (681 c, 682 e).

Juden gemein, denn sie haben den Stimmen der Propheten nicht gehorcht und sind Knechte der Dämonen geworden. Von dem strafenden Gott wissen sie nichts und leben nur ihrem Bauch und den Freuden der Gegenwart: eins nur verstehen sie, fressen und saufen und sich um Tänzer und Jockeys die Köpfe blutig schlagen[61]. Und in solcher Leute Synagogen läufst du als Christ und erhoffst dir von dort Hilfe? Du sollst dich schämen: sie lachen ja bloß über dich und machen im Stillen ihre Witze[62]. Das ist die Absage des Johannes an das Judentum: klar und unbedingt wird jede, aber auch jede Gemeinschaft mit dieser Religion bestritten und der Berufung auf das Alte Testament der Boden unter den Füßen weggezogen. Das ist die grundsätzliche Stellungnahme des Christentums von Anfang an gewesen. Das Kreuzige, Kreuzige vor dem Richthaus des Pilatus drückte das Siegel auf die Trennung der Jünger Jesu von dem Volk des Talmud.

Im Januar des Jahres 387 gab es in Antiochia einen großen Krawall wegen zu hoher Steuerbelastung. Zu den Klagen der Begüterten gesellte sich plötzlich die lärmende Empörung der Straße, und es kam zu wüsten Ausschreitungen, bei denen die Bronzestatuen der kaiserlichen Familie zertrümmert und durch die Gasse geschleift wurden. Endlich rückte eine Abteilung Schützen an und machte dem Unfug ein Ende. Sofort gingen Depeschenreiter nach Konstantinopel zum direkten Bericht an den Kaiser, und in Antiochia selbst setzte ein beschleunigtes Strafverfahren gegen die Schuldigen ein. Nun schlug die Stimmung jählings um: mit Entsetzen erkannte man den blutigen Ernst der Lage und befürchtete von dem kaiserlichen Zorn eine Rache in ähnlichem Ausmaß, wie sie drei Jahre später über das unglückliche Thessalonich wirklich hereingebrochen ist[63]. Wer die Möglichkeit hatte, verließ die Stadt oder verkroch sich in sein Haus; Straßen und Markt waren menschenleer. Bischof Flavian, obwohl durch Alter und Krankheit behindert, machte sich auf den Weg, um trotz der winterlichen Wege den Kaiserhof zu erreichen,

---

[61] c. Jud. 1, 4 (592 a).
[62] c. Jud. 8, 8 (687 b).
[63] s. S. 79 f.

ehe Unwiderrufliches beschlossen wurde. Er kreuzte sich mit der nach Antiochia eilenden Untersuchungskommission, die mit kräftigsten Vollmachten ausgerüstet war und zunächst einmal Schließung der Theater und Bäder, Einstellung der Getreidespenden und Degradierung der Stadt verfügen sollte.

Jetzt trat Johannes auf und wurde der Seelsorger einer verstörten Gemeinde. Mit seinen Predigten begleitete er die abrollenden Ereignisse und gab der Furcht und der Hoffnung die Weihe seiner evangelischen Botschaft. Sieben Tage hat er geschwiegen, jetzt will er seinen Mund öffnen zur Klage, zum Gebet, zur Seelenstärkung: denn der Christ muß sich auch dadurch von den Ungläubigen unterscheiden, daß er alles tapfer trägt[64]. Noch vor kurzem hat er sie dringend ermahnt, gegen das Lästern der losen Mäuler anzukämpfen: wären sie ihm doch gefolgt! Nun liegt der Jammer auf der Stadt: aber er kann uns zur Selbstbesinnung erziehen[65]. Die echten Werte treten jetzt ans Licht. Reichtum an sich ist eine unsichere Sache, aber er ist auch nichts Böses: entscheidend ist der Gebrauch, den man von ihm macht. Reich ist nicht, wer viel besitzt, sondern wer viel gibt[66]. Die christliche Tugend bewährt sich in Aufwendungen für Bedürftige. Nicht die Häuser gilt es prächtig zu schmücken, sondern die Seele, ein Zelt im Himmel zu bauen, das nicht zerstört und verlassen werden kann, das auch beim Tode nicht verlorengeht. Gott hat dir den Reichtum gegeben, damit du den Bedüftigen hilfst und durch Freigebigkeit die eigenen Sünden ablösen magst[67]. Immer wieder erklingt in diesen Predigten die Mahnung, die gegenwärtige Trübsal als Buße für eigene Sünden zu begreifen und durch solches Insichgehn Gottes Vergebung zu gewinnen[68]. Aber auch die Fastenzeit — es sind ja die Wochen vor Ostern — leitet zur Buße und mahnt, alle Sinne in Zucht zu nehmen und durch Enthaltsamkeit nicht nur von Speisen, son-

---

[64] Joh. Chrys. de statuis hom. 2, 3 (2, 23 e).

[65] de stat. 2, 1 (20 d).

[66] de stat. 2, 5 (27 c).

[67] de stat. 2, 7 (30 d).

[68] de stat. 3, 7 (47 b) 4, 2 (50 e) 5, 4 (65 d) 6, 1 (75 a) 6, 4 (79 b) 7, 1 (85 a) 20, 1 (199 b).

dern von allen Sünden des Auges und Ohres, der Zunge, der Hände und Füße auf eine völlige Neugestaltung des Lebens hinzuarbeiten. Denn darauf kommt es an, nicht auf Litaneien beten zwei oder drei Tage lang, wie ihr's bei Erdbeben oder Hungersnot zu machen pflegt: da seid ihr ein paar Tage vernünftig und bescheiden, und dann geht's wieder weiter wie früher. Darum hat euch dies Unglück betroffen. Macht es jetzt anders und bleibt bei der Besserung[69]. Und es bleibt nicht bei dieser allgemeinen Ermahnung. Die Hörer sollen sofort mit der Selbstzucht beginnen und sich vornehmen, von nun ab drei Dinge zu unterlassen[70]: üble Nachrede, persönliche Feindschaft und das gewohnheitsmäßige Schwören und Fluchen. Besonders dies letzte liegt dem Prediger am Herzen und er bringt von nun an am Ende jeder dieser Predigten eine kürzere oder längere Warnung vor dem Schwören. Wie er schon in den Judenreden[71] die Gemeinde zur gegenseitigen Belehrung aufgerufen hat, so fordert er jetzt wiederum die Hörer auf, auch ihrerseits an andere seine Mahnung weiterzugeben und so eine Selbsterziehung in der Gemeinde durchzuführen. Und wenn der Hausvater sein Weib, seine Kinder, seine Sklaven trotz seinem Verbot schwören oder fluchen hört, soll er sie ohne Abendbrot zu Bett gehn heißen — aber auch sich selbst oder seinen Freunden soll er dasselbe Zuchtmittel vorschreiben: Hunger und Durst sind fühlbare Zwangswerkzeuge gegen die widerspenstige Zunge. Die Gemeinde hat bei diesen Worten laut ihren Beifall kundgetan. Wirklich darf nach einigen Tagen der Prediger eine gute Wirkung seiner Weisung feststellen[72].

Tag um Tag hämmert Johannes mit solchen eindringlichen Lehren auf die Herzen seiner Gemeinde ein, und man spürt es seinen Predigten an, wie lebendig er mit den Hörern fühlt, aber auch wie diese mitgehn. Neben solchen Mahnungen zu neuer Lebenshaltung finden wir aber nun ausgiebige Darlegungen

---

[69] de stat. 3, 3—7 (39e 46c—e).
[70] de stat. 3, 7 (47d).
[71] c. Jud. 1, 4 (1, 592d) 1, 8 (600d) 2, 1 (601d) 2, 3 (605b) 8, 4 (679a).
[72] de stat. 5, 7 (70d e) 9, 1 (97a).

über biblische Lesungen, die mit der Not des Augenblicks gar nichts zu tun haben, sondern der kirchlichen Übung entsprechen. In der Fastenzeit wird die Genesis verlesen[73], und so beginnt Johannes am fünften Tag seiner Predigtreihe (Homilie 7) mit einer Erklärung der Schöpfungsgeschichte, die sich später im Anschluß an Psalm 19 (18) wie ein biblischer roter Faden durch die folgenden Reden hindurchzieht. Es wäre ein Zeichen von Kleinmut, wenn man immer nur bei dem Unglück der Gegenwart verweilen wolle, und darum wende er sich jetzt zu dem gewohnten Lehrvortrag: zumal doch jede Schriftauslegung Trost und Zuspruch ist[74]. Aber es kommen immer wieder aufregende Tage voll Angst, die Menschen flüchten mit ihrer Not in die Kirche[75], und stets findet Johannes das rechte Wort für die wunden Seelen. Er richtet sie auf und stählt ihre sittliche Kraft, damit die Heiden auf sie blicken und den Gott der Christen preisen sollen um ihres Wandels willen[76]. Und darum ist er auch ganz entrüstet, als eines Tages der Bürgermeister von Antiochia in der Kirche erschienen ist und eine tröstende Ansprache an das Volk gehalten hat. Der hat es gut gemeint, aber ist es nicht eine Schande, daß Christen, die den Ungläubigen ein Vorbild geben sollten, sich von einem Heiden belehren lassen müssen?[77] Der Prediger kennt die Schwächen seiner Leute und stimmt darum seine Berichte über die Ereignisse, vor allem über die Gerichtssitzung und später über die Audienz des Bischofs Flavian beim Kaiser genau auf die gewünschte erzieherische Wirkung ab. Und mit besonderem Behagen erzählt er von den Einsiedlern und Mönchen, die am Tage der Gerichtssitzung von den Höhen und aus den Höhlen des Sipylos herabstiegen und von den kaiserlichen Beamten Gnade für die Angeschuldigten verlangten. Erst als ihnen die Überreichung eines von ihnen aufgesetzten Briefes an den Kaiser zugesagt war, verließen sie die Stadt wieder. Das waren die christlichen Philosophen der Tat — wo waren da die kynischen

[73] Bd. 3, 319.
[74] de stat. 7, 1 (85 d).
[75] de stat. 4, 1 (49 a b) 12, 1 (124 c).
[76] de stat. 9, 5 (104 c) 3, 5 (42 c), vgl. 21, 1 (215 c) 21, 3 (220 b).
[77] de stat. 16, 1 (160 d).

Straßenprediger, mit Mantel, Bart und Knotenstock, die Philosophen des Heidentums? Alle hatten die Stadt verlassen und sich draußen in den Höhlen verkrochen![78]

Inzwischen mühte sich Bischof Flavian und der zur Berichterstattung zurückgekehrte Sonderkommissar Caesarius um die Wette, den Kaiser zu besänftigen und erreichten schließlich vollkommene Amnestie für die Antiochener. In der Karwoche traf die Nachricht ein, und das Osterfest feierte der heimgekehrte Flavian inmitten einer glücklichen Gemeinde. Johannes hielt die Festrede und gab Bericht von der Fahrt seines Bischofs[79]. Beide Männer hatten sich in schwerster Not ihrer Gemeinde bewährt.

Es mag hier angemerkt werden, daß auch der große Libanius sich zu diesem antiochenischen Unglück geäußert hat: wir besitzen fünf Reden über dies Thema, darunter eine, die vor dem Kaiser zugunsten der armen Stadt gehalten sein will. Aber in Wirklichkeit blieb Libanius zu Hause, und seine Reden sind geschrieben, als die Gefahr vorüber war — und die Predigten des Johannes sind dabei benutzt![80]

Eben diese seelsorgerischen Reden in gefahrvoller Zeit zeigen uns deutlich, wie fest die Kirche im öffentlichen Leben der Großstadt eingewurzelt ist und wie sehr sich ein Mann wie Johannes seiner erzieherischen Verantwortung bewußt ist. Mag er reden worüber er will, immer mündet er in Ermahnungen und Hinweise zur sittlichen Gestaltung des Lebenswandels aus. Ihm ist es heiliger Ernst mit dem Ehrgeiz der altchristlichen Gemeinde, sich vor Heiden und Juden durch die Lebensführung auszuzeichnen[81]: und wir haben gesehen, wie er die Unarten und Lieblingssünden seiner Hörer bis in ihre letzten Schlupfwinkel verfolgt. So mündet bei ihm auch jede Schriftauslegung in eine praktische

---

[78] de stat. 17 1—2 (172 a—173 b).

[79] de stat. 21 (213 ff.).

[80] Libanius or. 19—23. Dazu R. Goebel de Joannis Chrys. et Libanii orationibus quae sunt de seditione Antiochensium, Göttinger Diss. 1910.

[81] de stat. 3, 5 (2, 42 c) 9, 5 (104 c) 16, 1 (160 d 162 a) 21, 1. 3 (215 c 220 b) hom. 15, 8 in Matth. (7, 198 c) hom. 17, 7 in Matth. (232 b) hom. 21, 4 in Matth. (274 a).

Ermahnung aus, die den Christen in seinem Alltagsleben geleiten soll. Zwar ist auch ihm das sakramentale Mysterium der Eucharistie die Wunderquelle des Christenlebens, aber er redet sehr selten und zurückhaltend davon[82], und das nicht nur aus Scheu vor den Ohren der Ungeweihten. Viel näher liegt ihm der unmittelbare Appell an die Willenskraft der Christen und die Stärkung der unsicher Schwankenden. Laß dich nicht entmutigen, auch wenn du zweimal, dreimal, ja zwanzigmal fällst; steh tapfer wieder auf und hebe unverdrossen von neuem an[83]. Mag er auch in einer Ansprache an die Taufbewerber noch so dringend vor den Gefahren eines sündigen Rückfalls nach der Taufe warnen und deshalb zur Selbstprüfung der eigenen Charakterfestigkeit auffordern[84], vor der versammelten Gemeinde wird er nicht müde, Gottes Barmherzigkeit gegen alle Sünder und die reinigende Kraft der Buße zu rühmen. Wer ernstlich den Willen zur Besserung hat, der zieht dadurch Gottes Hilfe herbei[85]. Wer im rechten Sinne Not und Trübsal des Lebens auf sich nimmt und ohne Murren erträgt oder auch nur durch Fasten und Almosengeben sich selbst Entbehrungen auflegt — und dazu lädt alljährlich die österliche Fastenzeit ein —, der wird durch solche Buße der Sünden ledig: stets vorausgesetzt, daß der ernste Vorsatz zur Besserung des Lebens vorhanden ist[86]. Und in diesem Sinne kann auch eine hingebende Sorge um das Seelenheil des Nächsten als Bußleistung von Gott gewertet werden[87]. In diesem Zusammenhang hören wir auch, daß Johannes als Seelsorger einzelne des Rats Bedürftige betreut und ihnen eine Privatbeichte abnimmt, bei der freilich die Unbußfertigen mit Ausschluß von den Sakramenten bestraft werden[88].

---

[82] de stat. 2, 9 (2, 34 b) c. Anom. 6, 4 (1, 499 e) de bapt. Christi 4 (2, 373 d e) de prod. Judae hom. 1, 6 (2, 384).

[83] hom. 17, 7 in Matth. (7, 232 c).

[84] ad illum. catech. 2, 2 (2, 237 d).

[85] hom. 19, 5 in Matth. (7, 252 b ff.) 22, 5 in Matth. (7, 281 a b).

[86] de stat. 4, 1. 2 (2, 50 c e) 5, 4 (65 d 66 a) 6, 1 (74 d 75 a) 6, 3 (77 a b) 6, 4 (79 b) 7, 1 (85 a); Fasten 3, 3 ff. (39 ff.) 20, 1 (199).

[87] c. Jud. 8, 4 (1, 679 a).

[88] de stat. 20, 9 (2, 213 c) hom. 17, 7 in Matth. (7, 232 e), vgl. Cyrill catech. 1, 5.

Die Auslegung der Bergpredigt in den Homilien über das Matthäusevangelium zeigt am deutlichsten, was Johannes unter christlicher Sittlichkeit versteht. Sie ist ihm das Gesetz Christi, eine „Philosophie“, die in neun Stufen zu dem letzten Ziele emporführt, der Gottähnlichkeit — „auf daß ihr ähnlich werdet eurem Vater im Himmel“: wie Johannes bezeichnenderweise das Wort Matth. 5, 45 abändert. In diese Stufenreihe, die mit dem einfachen Verbot des Unrechttuns beginnt, werden die sich steigernden Forderungen der Bergpredigt geschickt eingeschaltet, so daß nach der siebenten Stufe — den Feind zu lieben —, der achten — ihm wohlzutun —, mit der neunten — für ihn vor Gott zu beten — der „Gipfel der Philosophie“ erreicht ist. Die immer wieder in die Mahnungen Jesu eingeflochtenen Hinweise auf die mannigfachen göttlichen Belohnungen für den willigen Jünger lassen den Meister als den geschickten Pädagogen erkennen, dem Johannes nachzueifern augenscheinlich bemüht ist. Und aufs Ganze gesehen, fordert Jesus auch „wirklich nichts Übertriebenes, sondern nur ein bißchen mehr als das Übliche, was ja schon die Heiden tun“[89]. Johannes kann sich zu dem Satz versteigen, daß niemand diese Gebote für unerfüllbar halten solle, da ja bereits zahlreiche Christen das geforderte apostolische Leben führten: er meint die Mönche, die in Keuschheit den engelgleichen Wandel auf Erden zur Darstellung bringen. Ihre von allen irdischen Sorgen abgelöste Askese zeigt das Wesen der christlichen Vollkommenheit[90]. Aber soviel will der Prediger von seinen Hörern einstweilen gar nicht verlangen. Er will schon zufrieden sein, wenn sie lernen Unredlichkeit zu meiden und von ihrer Habe mildtätig zu spenden. Damit ist dann eine Stufe erreicht, von der aus ein schneller Aufstieg zu Höherem möglich ist[91]. Johannes wird nicht müde zu betonen, daß dieser Weg nicht schwer, ja daß er leicht sei: denn die menschliche Natur ist auf Tugend angelegt, und auf unser Gebet hin kommt unserm guten

---

[89] hom. 18, 4—6 in Matth. (7, 238 d e 242 b d).

[90] hom. 21, 4 in Matth. (7, 273); Engel: hom. 18, 6 (244 a) hom. 19, 5 (251 d) hom. 26, 7 (231 a), vgl. hom. 10, 4 (144 b).

[91] hom. 21,4 (273 c).

Willen Gottes Gnade zu Hilfe, die im letzten Grunde alles wirkt. Aber es bleibt dabei, daß unser Wille den entscheidenden Anstoß geben muß, so daß wir selbst die Urheber unseres Heils oder unserer Verdammnis sind[92].

Sittliche Haltung zunächst einmal im Sinne gewöhnlicher bürgerlicher Rechtschaffenheit, Versöhnlichkeit und verstärkter sozialer Opferwilligkeit ist das erste Ziel, zu dem Johannes seine Gemeinde führen will. Hierin soll sie die Heiden und Juden unbedingt und jederzeit übertreffen, und von da mag sie dann in allmählichem Aufschwung sich zu den vergeistigten Lebensformen des vollen Christentums erheben. Das „engelgleiche" Leben bleibt das letzte Ziel: und so wird er der gefeierte Lobredner der Märtyrer, die durch ihren Heldentod zu Engeln geworden sind und den Christen das erhabene Beispiel höchster Tugend geben[93]. Diese ihre Vorbildlichkeit weiß er in den zahlreichen an ihren Gedächtnistagen gehaltenen Festreden in mancherlei Wendungen zu preisen, aber er geht in der religiösen Wertung des Märtyrers im Einklang mit der gesamten altkirchlichen Entwicklung erheblich darüber hinaus.

Längst ist es frommer Brauch, die Gräber der Märtyrer künstlerisch auszuschmücken, und Kaiser wetteifern im Bau von Märtyrerkirchen und Kapellen. Und das Volk besucht gerne diese Stätten und weiht den Heroen der Kirche eine Verehrung, wie sie in heidnischer Zeit den Heroen des griechischen Mythos gewidmet zu werden pflegte. Johannes lobt diese Sitte höchlich und spricht den Särgen mit ihren kostbaren Reliquien eine ganz besondere Wirkung zu. Gott hat die Seelen der Märtyrer zu sich genommen, aber uns die Leiber hier gelassen, damit wir durch ihren Anblick an ihre Tugend gemahnt würden und Antrieb zur höchsten Philosophie gewännen[94]. Ich meint er, mag euch drohen, schmeicheln, schrecken, mahnen, das rührt euch nicht. Wenn ihr aber in eine Märtyrerkapelle tretet und nur das Grab der Heiligen anseht, dann stürzen Tränenfluten aus euren Augen

---

[92] hom. 22, 5 (281 b c) hom. 23, 3 (288 e—289 a) 23, 5 (291 a b) 21, 3 (273 a).

[93] Joh. Chrys. in s. Julianum 4 (2, 676 d).

[94] in s. Julianum 4 (2, 676 f.) in s. Barlaam 4 (2, 685 e).

und euer Herz wird warm in brünstigem Gebet. Wie kommt das? Weil das Bild des Märtyrers vor euch erscheint und mit ihm das Gedenken an seine Leistung. Und vor seinem Reichtum werdet ihr euch eurer Bettelarmut bewußt, und ihr spürt mit bitterem Schmerz den Abstand zwischen euch und jenen, die frei vor Gott reden dürfen und sich der Ehre und Herrlichkeit erfreuen[95].

Aber es ist doch noch mehr dabei. Wie man einen tapfern Krieger mit seinen Waffen begräbt, so haben auch die Leiber der Märtyrer ihre Waffe bei sich: nämlich die in ihren Wunden ruhende Kraft Christi, die sie einst zum siegreichen Kampf befähigte. Und diese Kraft scheucht allezeit die Dämonen: ihr könnt es merken, so oft ihr einen Besessenen an ein solches Grab bringt![96] Darum ist es gut und ratsam, diese Gräber fleißig zu besuchen. Das bringt Segen, denn die Märtyrer haben bei Gott ein großes Ansehn. Sie sind seine Freunde und haben allezeit freien Zutritt zu ihm. Wie alte Soldaten freimütig zum Kaiser reden dürfen, wenn sie ihm ihre in seinem Dienst erworbenen Wunden zeigen, so nehmen die Märtyrer ihre abgeschlagenen Köpfe in die Hände und treten vor Gott hin, und dann erlangen sie von ihm alles, was sie wollen. Solch kräftige Fürbitter sollen wir zu gewinnen suchen, damit wir durch sie Gottes Barmherzigkeit auf uns herabziehen[97].

---

[95] d. ss. martyribus 2 (2, 653).

[96] in s. Barlaam 4 (2, 686 b) in s. Julianum 2 (2, 674 d) de s. Droside 2 (2, 691 d) de stat. 8, 2 (2, 93 b).

[97] c. Jud. 8, 6 (1, 683 b) in Juventinum et Maximinum 3 (2, 583 c) de s. Beronice et Prosdoce 7 (2, 645 d). Material bei E. Lucius, Anfänge des Heiligenkults 1904, 125 ff. H. Delehaye, Les origines du culte des martyrs[2] (1933) 100 ff.

6. Das Mönchtum

Johannes der Täufer war ein Asket. Er lebte in der Einsamkeit, trug einen Rock aus Kamelshaar mit einem ledernen Gürtel und nährte sich von Heuschrecken und wildem Honig. Seine Jünger mußten fleißig fasten. Eine alte Überlieferung[1] zeichnet Jesus als sein Gegenbild, als den Mann, der unbefangen ißt und trinkt und auch seinen Jüngern Freiheit läßt. Auch er geht in die Einsamkeit des Berglandes, wenn er beten will, aber sein Wirken geschieht in den Städten am See und vor den Massen des Volkes. Er sitzt gern mit den Zöllnern und Sündern zu Tisch, aber verschmäht darum doch nicht die Einladung eines wohlhabenden Pharisäers[2].

So eindrucksvoll diese Gegenüberstellung erscheint, so bringt sie doch nur einen Unterschied der Lebensform, nicht der Grundhaltung zum Ausdruck. Auch für Jesus ist die Lösung von allen Bindungen dieser Welt, ja selbst von Heimat und Elternhaus Voraussetzung für den Eintritt in die Lebensgemeinschaft des Gottesreiches. Und wenn diese Erdenwelt mit ihren Hemmungen sich dem Rufe Gottes entgegenstellt, so muß man ihrer irrenden Liebe mit ehrlichem Haß begegnen[3]. Irdischer Besitz lenkt das Herz von Gott ab: „ihr könnt nicht Gott dienen und dem Mammon". Es wird eher ein Kamel durch ein Nadelöhr gehen, als daß ein Reicher ins Gottesreich kommt. Darum soll der reiche Jüngling seine Habe verkaufen und dann unbelastet dem Meister folgen, der ja auch nicht hat, wohin er sein Haupt legen kann. Die Gemeinde hat die Namen einiger Frauen in dankbarem Gedächtnis aufbewahrt, die ihre Mittel für den Unterhalt des Herrn und seiner Jünger bereitstellten[4]. In diesem Kreise sorgte nie-

---

[1] Matth. 11, 18. 19 = Luk. 7, 33. 34, vgl. Mark. 2, 18.
[2] Luk. 7, 35, vgl. Luk. 14, 7. 12.
[3] Luk. 14, 26 s. Bd. 1, 38 f.
[4] Luk. 8, 2. 3.

mand für den morgigen Tag und begnügte sich, Gott um das Brot für heute zu bitten.

Die Ehe erschien Jesus als göttliche Stiftung und darum als unauflöslich heiliges Band: aber sich selbst hat er sie versagt. Das Wirken für das Reich Gottes duldet kein Ausruhen in irdischem Familienglück, und eine Überlieferung schreibt Jesus — wohl kaum mit Recht — sogar das Wort[5] zu von denen, die sich selbst entmannt haben um des Reiches Gottes willen — „wer es zu fassen vermag, der fasse es". Wer so unbedingt im Dienste Gottes steht, der gibt der Erde alle ihre Freundlichkeit ungenossen zurück und wird gehorsam bis zum Tode, ja zum Tode am Kreuz. Was äußerlich als Askese erscheint, ist in Wirklichkeit nur eine selbstverständliche Begleiterscheinung der vollen Hingabe an das gottgewiesene Ziel.

Die älteste Christenheit hat ähnlich empfunden. Paulus stellt sein ruheloses, entbehrungsreiches und einsames Wanderleben dem der „übrigen Apostel" und der Brüder des Herrn und des Kephas gegenüber, die doch eine Frau als Lebensgefährtin haben[6]. Heiraten ist gut und keine Sünde, aber die Ehe zieht den Sinn von der vollen Hingabe an den Herrn ab und verstrickt ihn in die Sorgen dieser Welt. Soweit bleiben die Mahnungen des Apostels noch in der von Jesus gewiesenen Bahn, und man kann auch den Hinweis[7] auf die „in kürzester Frist" bevorstehende Not der Katastrophe, in der „die Gestalt dieser Welt vergehen wird", als praktische Folgerung aus der Predigt des Herrn werten.

Aber ein ganz fremder Ton erklingt in dem Wort[8], daß es „dem Menschen gut sei, kein Weib zu berühren" und die Ehe nur ein Zugeständnis an die menschliche Sinnlichkeit sei, das Schlimmeres verhüten solle. Da drängt sich die naturreligiöse Vorstellung, daß der Geschlechtsverkehr vor Gott unrein mache[9], und

---

[5] Matth. 19, 12. Dazu K. Heussi, Ursprung d. Mönchtums (1936) 27.

[6] 1. Kor. 9, 5.

[7] 1. Kor. 7, 26. 29. 31.

[8] 1. Kor. 7, 1—2.

[9] Vgl. auch 1. Kor. 7, 5.

die primitive Unterwertung des Weibes als des bloßen Gegenstandes sinnlicher Begierden wie ein Fremdkörper in das christliche Gedankengefüge. Von hier aus gesehen, verliert der Eheverzicht den Charakter einer Begleiterscheinung und erhält eigenen sittlichen Wert. Zugleich aber verlangt die unbestreitbare Tatsache, daß nur Wenige zu diesem heroischen Entschluß fähig sind, eine Würdigung — und so tritt denn neben das Prädikat „gut", welches die durch Sitte, Gesetz und Jesuswort gebilligte Ehe erhält, die Belobigung „besser" für diejenigen, welche freiwillig der Ehe entsagen[10]. Die zwei Stufen einer normalen und einer überlegenen Sittlichkeit sind geschaffen.

Und was Paulus den Korinthern lehrhaft vorträgt, lebte und wirkte in der Empfindung der Gemeinden. Sie unterschieden zwischen den gewöhnlichen Christen, die schlecht und recht sich um das Halten der göttlichen Gebote mühten, und den „Vollkommenen", die auf Ehe und Besitz verzichteten und ihren Körper mißhandelten[11]. Die Umwandlung, die das Matthäusevangelium an der ihm von Markus überlieferten Geschichte vom reichen Jüngling[12] vorgenommen hat, gibt dafür den urkundlichen Beleg. Hier ist der ursprünglichen einfachen Weisung, alle Habe zu verkaufen, das Sätzchen vorangeschickt: „Wenn du vollkommen sein willst": die katholische Kirche hat mit vollem Recht in dieser Fassung nicht ein Gebot, sondern einen „Ratschlag" für Höherstrebende erkannt. So dachte wirklich die alte Gemeinde. Abwertung des Besitzes, des Weibes und des eigenen Leibes bestimmten ihr Denken, und bei denen, die dazu die Kraft verspürten, auch dasTun. Und diese drei Dinge, die in der Welt des Meisters nur in der Form der selbstverständlichen und für die Berufserfüllung notwendigen Entsagungen erscheinen, werden jetzt zu weltanschaulich begründeten Hochzielen einer über das gebotene Maß hinausstrebenden Ethik. Damit verändern sie aber auch ihren eigenen Charakter und ziehen ihre Lebenskräfte aus außerchristlichen Wurzeln.

---

[10] 1. Kor. 7, 1. 7. 8. 28. 38. 40, vgl. auch Apoc. 14, 4.
[11] 1. Kor. 9, 27.
[12] Matth. 19, 21, vgl. mit Mark. 10, 21.

Längst ist in der kynischen Philosophie[13] schon seit den Tagen des Diogenes der Verzicht auf irdischen Besitz als Voraussetzung für die Freiheit und Unabhängigkeit des Weisen gepredigt und tausendfältig in die Tat umgesetzt worden, und im ersten Jahrhundert der Kaiserzeit waren die im rauhen Mantel mit Bettelsack und Knotenstock von Stadt zu Stadt wandernden und das Volk mit ihren eindringlichen Plattheiten aufklärenden Kyniker eine allbekannte Erscheinung. Die in gleicher Bedürfnislosigkeit umherziehenden apostolischen Prediger des Evangeliums[14] wurden von der Welt und bald auch von den Gemeinden als Berufsverwandte angesehen und mit allerlei geistigen Ausrüstungsstücken aus der philosophischen Werkstatt bekleidet. So trifft bei ihnen christliche Weltentsagung um des Gottesreiches willen und kynische Weltverachtung um der Freiheit willen in Eins zusammen.

Die Geringschätzung des Weibes entspringt orientalischem Empfinden und ist auch im Judentum lebendig geblieben: die Ausführungen des Paulus über die Unterordnung der Frauen im kultischen Leben der Gemeinde[15] atmen den Geist der Synagoge. Die Überzeugung, daß der Geschlechtsverkehr kultisch unrein mache, ist in allen Naturreligionen verbreitet und hat in vielen besondere Enthaltsamkeitsvorschriften für Betende und Opfernde sowie Keuschheitsgebote für Priester beiderlei Geschlechts hervorgerufen[16]: sie begegnen uns auch im Judentum. Aber auch aus dem Glauben, daß ein Mädchen die Braut eines Gottes sei, ist vielfach für sie ein dauerndes Verbot aller irdischen Liebe erwachsen — und auch das hat zu kultischen Keuschheitsgesetzen für Priesterinnen und gottgeweihte Frauen geführt. Aus beiden Quellen nährte sich die Meinung, daß geschlechtliche Enthaltsamkeit den Menschen der Gottheit näher bringen und ihr Offen-

---

[13] Bd. 1, 178 f. P. Wendland, Die hellenistisch-römische Kultur[2] (1912), 75—96.

[14] Mark. 6, 7—11. Matth. 10, 5—16. Didache 11, 3—6 12, 1—5.

[15] 1. Kor. 11, 3—10 14, 34—35: dazu jüdisches Material bei Billerbeck 3 z. St. Vgl. auch Strathmann (s. folgende Anm.) 1, 18—21.

[16] Material bei H. Strathmann, Geschichte der frühchristlichen Askese 1 (1914). E. Fehrle, Die kultische Keuschheit im Altertum 1910.

barungen entlocken könne. So waren der alten Welt Vorschriften geschlechtlicher Enthaltsamkeit für Männer und Frauen geläufig, und zuweilen bedingte die religiöse Pflicht eine lebenslängliche Entsagung[17]. Die Philosophie übernahm solche Stimmungen und vergeistigte sie, teils im Sinne der kynischen Ablösung des Weisen von irdischen Banden und der sittlich notwendigen Beherrschung der Leidenschaften und körperlichen Bedürfnisse, teils in Fortbildung des orphischen und pythagoreischen Reinheitsideals in der Verherrlichung, wenn auch nicht in der Forderung der geschlechtlichen Enthaltsamkeit[18]. In den jüdischen Kultgenossenschaften der Essener und der Therapeuten war der Verkehr mit dem Weibe ausgeschlossen, und Philo liefert zu dieser Praxis eine auf dem alten platonischen und jetzt wieder neupythagoreischen Gegensatz von Geist und Leib aufgebaute Theorie[19].

Aber schon bei den alten Orphikern war aus der Abwendung vom Leben und seinem unbarmherzigen „Rad der Wiedergeburten" eine Askese erwachsen, die den Leib als den Feind der Seele betrachtete und ihm außer den im Totenkult verwendeten Speisen vor allem Fleisch als Nahrungsmittel versagte[20]. Diese Abstinenz verband sich mit philosophischen Erwägungen und fand bald in weiten Kreisen Anklang: auch im frühen Christentum begegnen uns bereits Gemeindegruppen, die aus religiösen Gründen nur pflanzliche Speise für erlaubt halten[21]. So konnte aus der Bedürfnislosigkeit des christlichen Apostels unversehens ein asketisches Prinzip werden, das eine weiter wirkende Verbindung mit der heidnischen Umwelt herstellte. Rechnet man noch hinzu, daß die Gemeinden früh die jüdische Sitte des zweimaligen Fastens in der Woche als allgemein verpflichtende Übung übernahmen und vielfach sogar noch erweiterten[22], so wird vollends deutlich, wieviele Möglichkeiten auch

---

[17] s. Fehrle 162. Hopfner bei Pauly-Wissowa, Suppl. 7, 50—64.
[18] s. Diog. Laert. 8, 19 von Pythagoras; Philostrat Vita Apollonii 1, 13; Alexander Polyhistor bei Clemens Strom. 3, 60, 4.
[19] s. Bd. 1, 22. 90 f. 137. [20] E. Rohde, Psyche 2, 125 f.
[21] Röm. 14, vgl. Handb. z. NT zu 14, 1.
[22] s. Bd. 1, 57 f. 2, 199 f. 3, 316 ff.

für die Entwicklung der Nahrungsaskese von Anfang an sich darboten.

Je mehr das Christentum sich auf griechischem Kulturboden ausbreitet, um so kräftiger entfalten sich asketische Neigungen in den Gemeinden, die über die gewöhnlichen Leistungen der Fasten und Kontinenzübungen hinausgehen. In der Didache 6, 2 lesen wir bereits die allgemeine Vorschrift: „Wenn du das ganze Joch des Herrn tragen kannst, wirst du vollkommen sein, wenn du es nicht kannst, so tu, was du kannst." Und der Barnabasbrief sagt 19, 8 dasselbe mit anderen Worten: „Du wirst von allem deinem Nächsten mitteilen und nichts dein eigen nennen[23]. Und soviel du kannst, wirst du um deiner Seele willen keusch leben." Und schon in der paulinischen Gemeinde zu Korinth begegnen wir den „geistlichen Ehen" von Asketen verschiedenen Geschlechts[24], die Jahrhunderte lang eine von der amtlichen Kirche mit Mißtrauen betrachtete[25], aber unausrottbare Vollkommenheitsleistung gewesen sind. Die freiwilligen Asketen standen natürlich in besonderem Ansehn, und es ist bezeichnend, daß bereits Ignatius vor ihrem Hochmut warnen muß: ihre Enthaltsamkeit beschert ihnen Erkenntnisse, die sie für göttliche Offenbarung ausgeben und sogar gegen den Bischof geltend machen. Mit anderen Worten, diese Asketen erscheinen als Pneumatiker und sehen auf den Klerus herab. Auch aus anderen Gebieten der Kirche ertönen schon in dieser Frühzeit ähnliche Mahnungen zur Bescheidenheit, und sie mehren sich rasch[26].

In der montanistischen Bewegung tritt der Zusammenhang zwischen Askese und pneumatischem Prophetentum mächtig zutage, während bei den Marcioniten die dualistische Ablehnung der Welt die Askese der ganzen Gemeinde zur Pflicht macht[27].

---

[23] so auch Did. 4, 7.

[24] s. Bd. 1, 138.

[25] Ps.-Clemens de virginitate epist. 2 in Wetsteins Ausgabe des NT 1751 Bd. 2 Appendix p. 15 ff. Afrahat hom. 6, 4 p. 260, hom. 6, 7 p. 271.

[26] Ign. ad Polyc. 5, 2. 1. Clem. 38, 2. Tertullian virg. vel. 13.

[27] s. Bd. 2, 199 1, 277.

Dualismus bestimmt auch die Askese gnostischer Sekten, wie sie uns für Satornilus[28] bezeugt wird und bei den Valentinianern[29] erkennbar ist: und es versteht sich von selbst, daß die Askese dieser Kreise als Kennzeichen des vollkommenen Christen, des Pneumatikers, der Schwäche des gewöhnlichen, verheirateten Kirchenchristen, des Psychikers, entgegengehalten wird.

Der entscheidende Punkt ist hier immer die geschlechtliche Enthaltsamkeit, und weithin in der Kirche verbreitete sich die Meinung, daß der Christ „eigentlich" zu ihr verpflichtet sei und die Ehe nur um der Schwachheit des Fleisches willen geduldet werde[30]. Aber man mußte sich dann auch damit abfinden, daß durch solche Halbheit die ersehnte Wiederkunft des Herrn hinausgezögert wurde. Erst das völlige Verschwinden des geschlechtlichen Elementes in der Gemeinde schafft den vom Herrn gewünschten, dem Reiche Gottes entsprechenden Idealzustand, der das Reich auf die Erde bringt[31]. Und wenn man die im Osten entstandenen apokryphen Apostelgeschichten liest, so lernt man mit einiger Verwunderung, daß ihren Verfassern die Ehelosigkeit als Hauptforderung des Christentums erscheint[32]. In Mesopotamien hat sich diese Auffassung auch in der Praxis der Gemeinden lange erhalten, und noch gegen die Mitte des vierten Jahrhunderts übernahm dort der Christ mit der Taufe „eigentlich" die Verpflichtung zum ehelosen Leben, bildeten die Getauften als Vollchristen eine Gemeinschaft der „Heiligen" im asketischen Sinne[33].

Die Großkirche hat sich gegen so radikale Meinungen, die ja tatsächlich die Ehelosigkeit zur Vorbedingung des ewigen Heils, gelegentlich sogar der Auferstehung, machten, von früh an[34] ge-

---

[28] Irenaeus 1, 24, 2 (1, 198 Harvey).

[29] Irenaeus 1, 6, 3. 4 (1, 56 f. Harvey).

[30] So Pinytos von Knossos bei Euseb KG 4, 23, 7.

[31] Evang. Aegypt. fr. 2 Klostermann (Kl. Texte 8). 2. Clem. 12, 2—5. Vgl. Mark. 12, 25 = Matth. 22, 30 = Luk. 20, 35.

[32] s. Bd. 2, 79.

[33] Karl Müller, Ehelosigkeit aller Getauften in der Alten Kirche, 1927. Afrahat Homilie 7, 18. 20 (p. 341. 345 Parisot).

[34] 1. Tim. 4, 1 f. Didache 11, 11. Auferstehung: Acta Pauli et

wehrt und im großen und ganzen gesiegt, ohne doch das immer wieder sich erneuernde Aufflammen des Widerspruchs hindern zu können. Die gemäßigten Asketen fügte die Kirche gern ihrer Gemeinschaft als verehrungswürdige Musterchristen ein und war stolz auf sie und ihre überragende sittliche Leistung[35]. Und andererseits erschien für das Durchschnittsempfinden eine zweite Ehe nach dem Tode des ersten Gatten bedenklich, wenn auch nicht gerade verboten.

Eine durchgedachte Theorie über das Verhältnis der Asketen zu den übrigen Christen entwickelten mit stärkstem Erfolg die alexandrinischen Theologen. Klemens überwindet die feindliche „häretische" Gnosis durch den Aufbau eines Gefüges christlicher Gnosis, das in der Stufenfolge der Wahrheitserfassung den schlichten Gläubigen nicht vergißt und ihm den Besitz des Pneuma zuerkennt, aber dem vollkommenen Gnostiker die ganze Fülle der Gottesgemeinschaft beilegt und ihn auch für die Gemeinde zu einem Spender göttlicher Liebe macht[36]. Die asketische Lebenshaltung ist ihm kein Gebot, sondern im Einzelfalle nur Zeugnis der sich vollendenden Abkehr von der Welt. Erst Origenes hat dann in weit ausholender Systematik die Askese als notwendige Vollendung in seine Lehre vom Aufstieg der Seele zur Erfassung des Logos eingefügt und für sie durch Beispiel und Predigt geworben[37]. Hier werden die Asketen als die wahren Philosophen der Christenheit gezeichnet und auch so genannt: die hohe Literatur des neuen Glaubens gibt der spekulativen Askese den Namen, den sie schon um ihrer Hauptwurzel willen verdient — und seitdem nennen gebildete Christen durch alle Jahrhunderte hindurch die Mönche gern „Philosophen", und die Ungebildeten sprechen es nach.

Theclae 12 (1, 244 Lipsius) = Acta Pauli ed. C. Schmidt² (1905) S. 34, vgl. Luk. 20, 35!

[35] Justin apol. 15, 6 29, 1. Tatian or. 32, 2. Athenagoras suppl. 33, 1. Galen (c. 165) bei Koch, Quellen p. 63 f.

[36] Bd. 2, 301—304.

[37] Bd. 2, 327 f. Euseb KG 6, 3, 9—13. In Euseb sehen wir seinen gelehrigen Schüler. S. Bd. 3, 158.

Von beginnendem Mönchtum kann erst die Rede sein, wenn die Asketen einzeln oder in Gruppen von der im weltlichen Leben stehenden Gemeinde sich ablösen und dadurch die „Apotaxis", den Verzicht auf die Welt, auch räumlich und nach außen bemerkbar machen. Dafür bot die vor- und außerchristliche Welt kaum Beispiele.

Gewiß, es sind uns schon aus dem zweiten Jahrhundert v. Chr. Asketen bekannt, die sich im Serapistempel zu Memphis einschließen und von aller Welt abgeschieden leben: sie werden Katochoi genannt[38]. Die Sitte hat sich durch Jahrhunderte bewahrt und ist noch um 400 n. Chr. für das alexandrinische Serapeum bezeugt[39]. Man denkt dabei gleich an die legendäre Gestalt der Prophetin Hanna[40], die „nicht vom Tempel zu Jerusalem wich und mit Fasten und Beten Tag und Nacht Gott diente". Aber in allen diesen Fällen ist nicht sowohl die Abtrennung von der Welt, sondern das Weilen in der Gottesnähe das Entscheidende.

Ein wirkliches Vorbild des Einsiedlertums zeichnet uns Josephus[41] in seinem Meister Bannus, der in der Wüste wohnt, in Palmbast gekleidet ist, von wilden Früchten lebt und sich Tag und Nacht mit kaltem Wasser rein wäscht. Josephus hat mit ihm drei Jahre zusammengelebt. Und Johannes der Täufer wird man dem gleichen Typus jüdischer Einsiedler zurechnen dürfen, einem Typ, über den wir leider keine weitere Kunde besitzen. Die Nachrichten über die jüdischen Essener sind so wenig klar[42], daß wir nicht einmal sicher sind, ob ihre Lebensgemeinschaft notwendig und regelmäßig auch zur klösterlichen Wohngemeinschaft führte, und für eine wirkliche Absonderung von der übrigen Welt fehlt es vollends an Zeugnissen: man müßte denn die gut verbürgten[43] Niederlassungen am Westufer des Toten Meeres in der Umgegend von Engeddi so ansehn.

---

[38] Reitzenstein, Hellen. Mysterienreligionen[3] 200—215.
[39] Rufin hist. eccl. 11, 23.
[40] Lukas 2, 37.
[41] Josephus Vita 11. 12, s. Bd. 1, 29.
[42] s. Bd. 1, 22, noch zu sicher.
[43] Plinius nat. hist. 5, 17.

Dagegen wird man die Ansiedlung der von Philo verherrlichten Therapeuten am Mareotissee in Ägypten[44] allerdings als eine beabsichtigte Flucht aus der Welt werten dürfen. Aber es gehört ein bedenklicher Wagemut dazu, auf diesen kümmerlichen Unterlagen eine Theorie von der Entstehung des christlichen Mönchstums aufbauen zu wollen, und man wird sich angesichts des übersehbaren Tatbestandes lieber die Frage vorlegen, ob nicht die innerchristliche Entwicklung von selbst die Ablösung des Asketen aus der Gemeinschaft der Weltkirche erzwungen hat.

*

Die ersten Spuren von christlichem Anachoretentum, also von räumlicher Absonderung des Asketen, finden wir außerhalb des Bereiches griechischer Denkweise bei den Fellachen Ägyptens. Dort hat sich gegen Ende des dritten Jahrhunderts die Sitte ausgebildet, beim Verzicht auf diese Welt das heimatliche Dorf zu verlassen und in einiger Entfernung die Eremitenzelle zu bauen: und die Neulinge zogen zu den Alten hinaus, siedelten sich in ihrer Nachbarschaft an und lernten bei ihnen die Kunst der Entsagung[45]. Aber dieses formlose Einsiedlerwesen erhielt im ersten Viertel des vierten Jahrhunderts seinen großen Stil durch zwei Männer, die es in zwei verschiedenen Richtungen weiter entwickelten. Antonius schuf den Typ des Wüstenheiligen, Pachomius organisierte das Klosterwesen.

Die entscheidende Tat des Antonius war seine völlige Abkehr von der Nähe menschlicher Wohnungen. In der ersten Zeit hat er nach der Sitte und Weisung der Alten gelebt und nur die Entbehrungen kräftig gesteigert, dann aber begibt er sich zu der weit vor dem Dorfe gelegenen Nekropole und schließt sich dort in ein Grab ein, wohin ihm ein Bekannter von Zeit zu Zeit Brot bringt. Nachdem er an diesem Ort den Angriffen der Dämonen siegreich Widerstand geleistet und dadurch seine Kraft erprobt hat, tut er den letzten Schritt, den übrigens sein alter Lehrmeister mitzumachen verweigert. Er wandert „über den

---

[44] Philo vita contempl. 22 (6, 52).
[45] Athan. vita Ant. 3.

Fluß" in die weite Wüste hinaus und steigt ins Gebirge. Dort findet er ein verlassenes Kastell und macht es zu seiner Wohnung. Ein Wasserrinnsal liefert ihm den Trank, zur Speise hat er sich Thebanisches Dauerbrot mitgenommen, das jeweils nach sechs Monaten von seinen Freunden erneuert wird[46]. Zwanzig Jahre lebt er in dieser Wildnis unter unablässigem Ringen mit den Dämonen. Kein Mensch bekommt ihn während dieser Zeit zu sehn, obwohl seine Freunde immer wieder einmal seine Behausung aufsuchen und ihm zurufen.

Endlich, als er bereits 55 Jahre alt ist, tritt er als Meister und Lehrer der Askese vor die Pilger und wirbt für seine Weise der Weltentsagung, so daß die Wüste von Mönchen bevölkert wird und zahlreiche Niederlassungen entstehen, die alle in ihm ihren Vater verehren[47]. In diesen Abschnitt seiner Wirksamkeit fällt die Verfolgung des Maximin, die ihn samt seinen Mönchen nach Alexandria führte[48]: der Präfekt wies die unerwünschten Wüstenmänner aus der Stadt. Antonius kehrte nach dem Martyrium des Bischofs Petrus (24. November 311) in seine Einsamkeit zurück, aber er fand die Stille nicht wieder, die ihn einst dort beglückt hatte. Die Besucher mehrten sich und störten ihn immer peinlicher, denn auch der Ruf seiner Wunderkraft lockte zahlreiche Hilfsbedürftige, denen er sich nicht versagen konnte. Da fürchtete er den Ruhm und die Selbstüberhebung und beschloß, in die obere Thebais auszuwandern. Aber eine Stimme von oben wies ihm ein anderes Ziel. Er schloß sich einer „in die innere Wüste" ziehende Beduinenkarawane an und kam nach drei Tagemärschen an ein sehr hohes Gebirge, wo er einen ebenen Ort mit Palmen und Wasser fand. Hier blieb er in völliger Einsamkeit und machte sich bald auch von Brotsendungen der Brüder unabhängig, indem er einen Flecken Landes besäte und sich selbst das Brotkorn zog. So fand er die letzte Vollendung seines Strebens und ist hier auch im Jahre 356 im höchstem Alter — angeblich von 105 Jahren gestorben[49]. Der Ort ist noch heute im

[46] vita Ant. 8—12.
[47] vita Ant. 14. 15.
[48] vita Ant. 46.
[49] Vita Ant. 49. 50. 89—92.

dankbaren Gedächtnis des Mönchtums geblieben und wird durch ein uraltes Kloster bezeichnet: vom Nildorf Biad oder Baiad el-Nassara bei Beni-Suef muß man sich etwa 36 Kamelstunden (also wirklich drei Tagereisen) nach Osten bewegen, um das Antoniuskloster im Gebirge des Wadi Araba, 40 km vom Roten Meere entfernt, zu erreichen[50].

Was wir von Antonius wissen, verdanken wir der von Athanasius verfaßten Lebensbeschreibung des Heiligen: und die ist allerdings stark stilisiert, so stark, daß vielleicht sogar die oben nachgezeichneten Entwicklungsstufen der räumlichen Absonderung nicht streng der geschichtlichen Wirklichkeit entsprechen. Aber trotzdem leistet die Schöpfung des Athanasius dem Historiker den wichtigsten Dienst, indem sie das Ideal dieses heroischen Asketentums und damit das Wollen jener Bewegung rein zum Ausdruck bringt, freilich auch in eine feiner durchgeistigte Sphäre erhebt und verklärt.

Auf dem Boden der landläufigen Meinung bleibt Athanasius, wenn er die Entwicklung seines Helden zum vollkommenen Asketen schildert, der durch seine gesteigerten Entbehrungen die Dämonen reizt und sie durch sein Eindringen in die ihnen vorbehaltene Welt der Einöden und Wüsten zum äußersten Kampf herausfordert. In diesem nicht bloß durch sinnliche Versuchungen, sondern vor allem durch tausend körperliche Qualen bezeichneten Ringen entwickelt sich Antonius zum „vollendeten" Asketen, der von Gott die Gnadengabe der Visionen, des Vorherwissens und der Wunderheilung erhält: selbst die wilden Tiere gehorchen seinem Wort und dienen ihm wie einst dem noch schuldlosen Adam im Paradiese: der Asket gewinnt die verlorene Gott-Ebenbildlichkeit zurück.

Und nun schüttet der Biograph vor uns den Reichtum der volkstümlichen Überlieferung an Wundergeschichten aus, die von der Masse der Leser zu allen Zeiten mit besonderer Freude genossen worden sind. Aber er errichtet auf diesem Untergrund ein neues Gebäude, das höheren Ansprüchen genügen soll. Zunächst schildert er die Entwicklung des Antonius nach dem

---

50 Baedeker, Ägypten[8] 211, Karte bei S. 392.

Muster des Pythagoras der philosophischen Legende, und zwar in derartig engem Anschluß an sein Vorbild, daß er einzelne charakteristische Wendungen und sogar ganze Sätze wörtlich seiner Quelle entlehnt[51]. So erklärt sich der den Leser eines Asketenlebens im ersten Augenblick verblüffende Preis des vollkommenen körperlichen Gleichgewichts nach zwanzigjährigen Entbehrungen, dem als Gegenstück die von keiner Leidenschaft getrübte Entfaltung eines reinen Ethos der Seele entspricht. Gleich dem Pythagoras taucht Antonius „wie ein geweihter und gotterfüllter Myste aus dem Adyton" empor und beginnt seinen Gottesstaat der Mönche zu organisieren (polizein) wie einst der große Grieche seinen Schülern ihre philosophische „Polis" in Unteritalien gestaltete[52].

In einer langen Rede, die er dem Antonius in den Mund legt[53], weist Athanasius den Mönchen die rechte Art der Askese. Ihr ganzes Leben soll unter dem Gedanken des künftigen Gerichts stehn und jeder Tag soll ihnen als der letzte sein. All ihr Ringen gilt dem „Weg der Tugend", sowohl den Tugenden der Philosophen, der Verständigkeit, Gerechtigkeit, Mäßigung, Tapferkeit, Einsicht als auch den christlichen der Liebe, Mildtätigkeit, Glauben an Christus, Freiheit von Zorn und Gastlichkeit. Auf dieses Ziel, das in uns liegt, gilt es den Willen zu richten und die Seele, die von Natur gut und der Tugend zugewandt ist, in den Zustand zu bringen und dauernd darin zu erhalten, den sie bei der Schöpfung von Gott erhalten hat.

Aber dann senkt sich schnell die Rede aus der philosophischen Höhe zu dem, was augenscheinlich auch für Athanasius die praktische Aufgabe des mönchischen Lebens ist, nämlich dem Kampf gegen die Dämonen. Überall umgeben sie uns, bedrängen uns in immer wechselnden Gestalten und mit zahllosen Listen, um den Fortschritt des Frommen zu hindern — und in breitester Ausführlichkeit belehrt Athanasius seine Leser über ihre Natur, die Form ihrer Angriffe, die seelischen Gefahren der Dämonen-

---

[51] R. Reitzenstein, Des Athanasius Werk über das Leben des Antonius, 1914 (Sitzungsber. Heidelberg. Akad. 1914 Abh. 8) S. 14 ff.

[52] Vita Ant. 14.

[53] Vita Ant. 16—43.

furcht oder der Selbsttäuschung, aber auch über die Wirkung des unerschütterlichen Gottvertrauens und der heiteren Überlegenheit der gefestigten Seele. Und mancherlei Warnungen vor Hochmut oder Wundersucht, vor mönchischer Eitelkeit und Stolz auf göttliche Gnadengaben sind der Unterweisung beigemengt. Er läßt seinen Antonius nicht nur als Vorbild des echten Asketen vor den Augen der Leser wandeln, sondern macht ihn auch zum Verkündiger seines eigenen mönchischen Ideals, in dem sich robuster Dämonenglaube mit philosophischen und christlichen Hochzielen verbindet.

Erst dieses Mönchsbuch eröffnet uns den Einblick in die geheimsten Winkel athanasianischer Frömmigkeit, und wir erkennen mit Staunen, wie in der Seele dieses zur Führerschicht gehörenden spätantiken Menschen die tiefe christliche Einsicht seiner theologischen Schriften[54] auf den derben Vorstellungen einer mit tausend Teufeln und Gespenstern sich herumschlagenden Naturreligion aufbaut und das Ganze von den Kulturkräften abgeklungener griechischer Philosophie gestaltet wird.

Bei dem geschichtlichen Antonius und den übrigen Heroen dieses koptischen Asketentums fehlt der griechische Einschlag. Dafür ist um so stärker der Gegensatz zur ganzen Erdenwelt sichtbar, die in leibhaftiger Wirklichkeit voll Teufel ist und jeden verschlingt, der nicht durch rücksichtslose und bis an die Grenze des Selbstmordes gehende Verneinung aller sinnlichen Lebensforderungen das rettende Ufer des „engelgleichen" Lebens gewinnt. Hier herrscht die Theologie der Selbsterlösung durch freien Willensentschluß, bei der Christus und die Bibel nur als Vorbild und Lehranweisung, Kirche und Sakrament als nebengehende Hilfsmittel gewertet werden.

Antonius wird nicht nur in der Schrift des Athanasius, sondern auch in der gesamten mönchischen Tradition der Nachwelt als der erste namhafte Wüstenasket bezeichnet. Der Versuch des Hieronymus, ihm diesen Rang durch seinen heiligen Paulus von Theben streitig zu machen, ist bereits am Beginn gescheitert: man hat den Phantasien des vielgeschäftigen Literaten mit Recht den

---

[54] s. Bd. 3, 247—252.

Glauben verweigert. Aber bald nach dem Auftreten des Antonius ist an einer andern Stelle der Wüste ein asketisches Leben aufgeblüht, das viel stärkere Anziehungskraft entfaltet hat, weil es bei aller Weltferne die gegenseitige Einwirkung der Einsiedler und damit den Fortschritt in der Vervollkommnung des asketischen Lebens begünstigte. Dieser Ort ist das Natrontal (Wadi Natrun), etwa 100 km nordwestlich von Kairo[55]. Im Altertum unterschied man dort drei Wohnzentren der Mönche: Sketis, Nitria und die Kellia. Als Gründer von Nitria wird Amun genannt, der noch zu Lebzeiten des Antonius starb[56], Sketis geht auf Makarius von Alexandrien zurück, der um 300 geboren wurde und fast hundertjährig starb: und derselbe ist auch in der Kellia und in Nitria vorbildlich wirksam gewesen[57].

In diesen Siedlungen sind die einzelnen Zellen soweit voneinander entfernt, daß kein Mönch den andern sehn oder hören kann und jeder in ungestörter Ruhe seiner Andacht zu leben vermag. Aber am Samstag und Sonntag vereinigt sich die Mönchsgemeinde zum Gottesdienst: das sind die einzigen Gelegenheiten zum Verkehr untereinander. Und so kann es geschehen, daß ein Mönch vier Tage lang tot in seiner Zelle liegt, ehe sein Abscheiden von den Brüdern bemerkt wird. Sonst hören wir nur noch von Agapen, also gemeinsamen Liebesmahlen, als einer Veranstaltung zu menschlicher und geistlicher Berührung dieser Mönche[58]. Schwere Verstöße gegen die asketische Ordnung ahndet ein „Synedrion" der Brüder[59]. Den Lebensunterhalt verdienen sich die Einsiedler durch ihrer Hände Arbeit, meistens durch Flechten von Matten aus Palmblättern, die von geschäftigen Zwischenhändlern in der Großstadt verkauft werden.

---

[55] Baedeker, Ägypten[8] 31, Karte bei S. 5: eine über El-Chatatba führende Kleinbahn geht dorthin bis Bir Hooker. Dazu Butler in seiner Ausgabe der Hist. Lausiaca 2, 187—190. Heussi, Mönchtum S. 157 A. 1. Beschreibung Hist. mon 23, 3, vgl. 30, 1 Hist. Laus. 7.

[56] Vita Ant. 60, vgl. Sokrates 4, 23, 1—16 = Sozomenos 3, 14, 1—8.

[57] Hist. Laus. 18 p. 44, 5 51, 10. 12 56, 15. Hist. mon. 30, 1.

[58] Apophth. Johannes Kolobos 9 p. 205, Sisoes 2 p. 392.

[59] Apophth. Mose 2 p. 281, Pior 3 p. 373.

Gegen Ende des vierten Jahrhunderts sind die nitrischen Mönchskolonien zu höchster Berühmtheit gelangt, aber im zweiten Jahrzehnt des fünften Jahrhunderts wird die Sketis durch einen Barbareneinfall zerstört und ausgeplündert: das hat auch einen innerlichen Niedergang zur Folge gehabt, von dem sich diese Mönchswelt nicht mehr erholt hat[60]. Das älteste Haupt in dieser Mönchskolonie ist jener Vater Amun, dessen Seele Antonius gen Himmel fahren sah. Die bedeutendste Persönlichkeit war sein wenig jüngerer Zeitgenosse Makarius „der Ägypter“, d. h. der Kopte; so genannt zum Unterschied von dem gleichnamigen Alexandriner, der neben ihm wirkte. Andere große Namen dieses Mönchsparadieses sind Pambo, Paul der Einfältige, Poimen und Sisoes. Der einstmalige Hofmann Arsenios hat den Untergang der Sketis erlebt.

In der alten guten Zeit ist im Natrontal der Grund zu einem Werk gelegt worden, das für das gesamte Mönchtum unermeßliche Bedeutung gewonnen hat, die Apophthegmata Patrum, zu deutsch „Sprüche der Väter“. Der Mönch soll schweigen, und wenn er ja seinen Mund auftut, so soll er über göttliche und der Seele heilsame Dinge reden. Die großen Alten der Kolonie befolgen diese Regel streng, und da sie, zumindest in den Augen ihrer Umgebung, die Vollkommenheit erreicht haben, so sind sie im Besitz des Heiligen Geistes und ihre Worte haben mehr als menschliche Bedeutung und Kraft. So fleht der Schüler seinen Meister, so der weitgereiste Pilger den berühmten Heiligen an „gib mir ein Wort!“, und oft muß er lange auf die Gewährung dieser Bitte harren. Wenn dann aber endlich der Alte das Schweigen bricht, auf die gestellte Frage anwortet oder ein heilsames Wort spircht, so wird es als himmlische Gabe entgegengenommen und in dankbarem Gedächtnis aufbewahrt[61], um so mehr als es den Erfordernissen des mönchischen Lebens unmittelbar angepaßt ist und nicht die gefährliche Vieldeutigkeit des Bibelwortes besitzt[62]. An die Stelle des einfachen Spruches kann auch ein

[60] Heussi, Mönchtum 138.
[61] Bousset, Apophthegmata 79 f.
[62] Apophth. Amun Nitr. 2 p. 128.

Gleichnis oder eine symbolische Handlung treten — der Wüstenheilige ist wie der geisterfüllte Prophet der Urkirche Träger göttlicher Offenbarung. Und wie einst bei den Montanisten[63], so hat man jetzt im Natrontal Sorge getragen, solche „Sprüche der Väter" aufzubewahren und gegebenenfalls die dazugehörige Geschichte beizugeben.

So ist eine schnell wachsende Sammlung entstanden, die auch in bezug auf die Namen der Alten einen hohen Grad von historischer Zuverlässigkeit in Anspruch nehmen kann. Natürlich ist sie ursprünglich in koptischer Sprache mündlich überliefert worden, dann griechisch geformt und aufgezeichnet, auch durch Material aus anderen Gegenden vermehrt[64]; und man wird annehmen dürfen, daß sie schon früh in mancherlei Zweigen auseinandergegangen ist. Dann hat ein fleißiger Mann wohl im sechsten Jahrhundert alles ihm Erreichbare zu einer großen, nach dem Alphabet der Sprecher geordneten Sammlung in griechischer Sprache vereinigt, die uns in späteren Redaktionen und in mehreren Übersetzungen erhalten ist[65]. Diese unmittelbar aus dem Leben geschöpften Mitteilungen sind eine Quelle von einzigartigem Wert und machen uns nicht nur die äußeren Lebensformen, sondern vor allem die Frömmigkeit des nitrischen Mönchtums anschaulich. Wir werden noch Gelegenheit haben, davon Gebrauch zu machen. Den Einfluß auf die Folgezeit mag man daran ermessen, daß dies Buch in verschiedenen Sprachen das mönchische Erbauungsbuch für den Osten wie für den Westen geworden ist.

Während sich die Entfaltung des Anachoretentums in den nördlichen Teilen Ägyptens vollzog, fand in der Gegend der oberägyptischen Nilschleife bei Dendera das eigentliche Klosterwesen seine vorbildliche Form durch den Kopten Pachom. Dieser war in der oberen Thebais gebürtig, von heidnischen Eltern, und kam mit dem Christentum zum erstenmal dadurch in Berührung,

[63] Bd. 2, 196.

[64] Heussi, Mönchtum 145. 158.

[65] Grundlegend die Untersuchung des ganzen Materials durch W. Bousset, Apophthegmata 1923. Ausgabe von Cotelier, Ecclesiae Graecae Monumenta 1, 338—712 (1677) = Migne Patr. Gr. 65, 71—440.

daß er als Rekrut ausgehoben und mit anderen Leidensgenossen in einem Ort der Thebais eingesperrt die mildtätige Fürsorge der dortigen Christen am eigenen Leibe erfuhr. Nach seiner Entlassung begab er sich nach Chenobaskeia (Schenesit, heute El-Kaor wa's Saijad am westlichen Ende der Schleife), ließ sich dort taufen und begann ein asketisches Leben. Sein Lehrer, der ihn im Fasten, Beten und Gehorchen unterwies, hieß Palamon, und beide erwarben die bescheidenen Mittel für ihren Lebensunterhalt und zum Spenden von Almosen durch Weben von Säcken. Einst kam Pachom in das wenig stromauf liegende Dorf Tabennisi und vernahm dort beim Beten die himmlische Weisung „Bleibe hier und baue ein Kloster; denn es werden viele zu dir kommen, um Mönch zu werden!" Sofort siedelte er mit Palamon dorthin über, aber sein Lehrer war schon länger leidend und starb bald. Dann schloß sich ihm sein Bruder Johannes an. Aber binnen kurzer Zeit wurde die Verheißung wahr: Fremde kamen zu ihm, um seine Lebensweise zu teilen. Er prüfte sie und legte ihnen dann das mönchische Gewand an. Die Namen der ersten Acht hat die Tradition in rühmendem Gedächtnis aufbewahrt[66]. So kam das erste Kloster des Pachom zusammen: es mag um 320 gewesen sein.

Es war nicht das erste Kloster überhaupt, nicht einmal in jener Gegend. Denn es wird uns ausdrücklich berichtet, daß beim Anwachsen des pachomianischen Mönchswesens zwei andere Klöster „alter Brüder" darum bitten, durch Mönche des Pachom verstärkt und nach seiner Ordnung geformt zu werden, und ein gewisser Aotas wird uns geradezu als ein, freilich wenig erfolgreicher, Vorgänger genannt[67]. Das Entscheidende ist, daß Pachom dem lockeren Beieinanderleben der älteren Asketen ein Ende macht, die Mönchsgemeinde zu einer Hausgemeinschaft zusammenschließt und ihr feste Lebensregeln gibt.

In dieser „Regel" liegt das Neue und für alle Zukunft Bedeutsame der Tat des Pachom, und nicht ohne Grund hat einige Generationen später die Legende[68] behauptet, der Heilige habe

[66] Pachomii vita 25. 26, vgl. 79.
[67] Pachom. vita 54, vgl. auch 33. 120 p. 97, 35.
[68] Hist. Laus. 32 p. 88, 4 Butler.

seine Regel aus der Hand eines Engels auf eherner Tafel eingegraben empfangen. Hieronymus hat im Jahre 404 den griechischen Wortlaut dieser Regel mit einigen Beilagen ins Lateinische übersetzt, und wir haben guten Grund, in diesen Texten die ältesten und echten Dokumente der pachomianischen Klosterordnung zu sehen[69]. Allein schon die völlige Systemlosigkeit der aneinander gereihten Vorschriften ist ein gutes Zeichen dafür, daß diese Regel aus der lebendigen Praxis geboren ist, und wir können noch mehrfach deutlich Abschnitte erkennen, die durch neue Zusätze zu dem vorangehenden Korpus verursacht sind. Wenn wir diese Vorschriften mit den Erläuterungen der Klostertradition zusammenlegen, die uns in der besten griechischen Lebensbeschreibung Pachoms[70] sowie in des Hieronymus Vorrede zu seiner Übersetzung erhalten sind, so treten die Grundzüge der Organisation deutlich vor unsere Augen.

Wer ins Kloster eintreten will, meldet sich beim Pförtner und wird dann auf Geheiß des Abtes fürerst im Fremdenhaus am Tor untergebracht. Dort muß er das Vaterunser und einige Psalmen auswendig lernen, während sein Charakter und seine äußeren Umstände geprüft werden. Ergibt sich kein Hindernis für den Eintritt, so wird er mit der Klosterordnung bekanntgemacht und nach vollendeter Unterweisung mit dem Mönchsgewand geschmückt: seine weltliche Kleidung nimmt die Klosterverwaltung in Verwahrung.

Später hat man diese Vorschriften ergänzt durch die Forderung, den Novizen vor der Aufnahme 20 Psalmen und 2 neutestamentliche Briefe oder sonst einen entsprechenden Teil der Bibel auswendig lernen zu lassen. Ferner soll er lesen und schreiben lernen „und es soll überhaupt niemand im Kloster sein, der nicht lesen kann und etwas von der Bibel auswendig weiß, zum wenigsten vom Neuen Testament und dem Psalter". So finden wir denn auch in der Hausordnung das Ausleihen von biblischen Büchern in die Zellen zum Studium samt der Pflicht pünktlicher

---

[69] Ausgabe von Amand Boon, Pachomiana Latina (Löwen, 1932).

[70] S. Pachomii vitae Graecae ed. F. Halkin, Brüssel 1932 (Subsidia Hagiographica 19) Vita prima § 28 p. 18.

Rückgabe an den Bibliothekar vorgesehen. Diese ganze Vorbereitung nimmt nur wenige Tage in Anspruch, dann wird der Neuling in die Mönchsgemeinde eingeführt. Von einem Gelübde ist keine Rede[71]. Der Pförtner führt ihn zum ersten gemeinsamen Gottesdienst, also an einem Samstag abend oder Sonntag, durch die Klosterpforte zur Kirche und weist ihm den letzten Platz in der Gemeinde an, den er beibehält, bis er einem Hause zugeteilt ist. Nun kann er sich in seiner neuen Heimat umsehn.

Das Kloster bildet einen großen Komplex von Gebäuden, den eine Umfassungsmauer gegen die Welt abschließt[72]. Die Mönche wohnen gruppenweise in Häusern zusammen, und zwar so, daß jeder eine Einzelzelle hat, die nicht verschließbar ist und die Habe ihres Insassen beherbergt, nämlich zwei Hemden (Lebiton) und dazu ein drittes gebrauchtes als Arbeitskleid, ein Leinentuch als Sonnenschutz für Kopf und Schultern, einen Mantel aus Ziegenfell (Melotes), ein Paar Schuhe, zwei Kapuzen, ein Gürtel und einen Stock. Eine kleine Zange zum Ausziehen eingetretener Dornen hängt zum allgemeinen Gebrauch an einem Fenster[73]. Alle Körperpflege, alles Waschen und Baden wird mit echt asketischem Mißtrauen betrachtet[74].

Jedes Haus hat einen Hausvater, und drei oder vier Häuser bilden eine Gruppe (Tagma, Tribus). Die Insassen eines Hauses treiben alle das gleiche Handwerk, vorwiegend Mattenflechten, aber es gibt auch Leineweber, Walker, Schneider, Schuster, Wagner[75], und oft ziehen ganze Kolonnen zur Arbeit aufs Feld, in die Wüste oder in die Schilfniederungen des Nil. Die allgemeinen Geschäfte der Mönchsgemeinschaft sind drei besonderen Häusern zugeteilt, von denen das erste den Küchendienst, das zweite die Krankenpflege, das dritte den Verkehr mit der Außenwelt besorgt: dies letzte beherbergt die Gäste, empfängt die Neulinge und unterweist sie, vermittelt auch den Verkehr mit den Zwi-

---

[71] Reg. 49. 139. 140; s. Ausleihen: 25. 100. 101.
[72] Regula cap. 84 p. 38, 4 Boon.
[73] Reg. 107. 81. 82. Orsiesius 22 p. 123 Boon.
[74] Reg. 67. 92 f., vgl. Hist. Laus. 1 p. 15, 15. Athan. vita Ant. 60.
[75] Praef. Hier. 6 p. 8 Boon, vgl. Hist. Laus. 32 p. 74, 7.

schenhändlern, die dem Kloster alle nötigen Waren liefern und dafür die Erzeugnisse der mönchischen Arbeit abnehmen[76].

Die Belegschaft dieser drei Häuser wechselt alle drei Wochen, kehrt dann zur gewohnten Handarbeit zurück und wird durch die Mannschaft einer anderen Gruppe ersetzt[77]. Älter noch scheint die Einrichtung zu sein, daß reihum jedes Haus einmal Wochendienst hat, das heißt für die Verteilung der Arbeitsstoffe und Geräte verantwortlich ist und beim Gottesdienst Bibelsprüche aufsagt und im Chor psalmodiert[78]. Die Mahlzeiten werden von allen Hausbewohnern gemeinsam eingenommen, und zwar einmal während des Tages, gegen Mittag, und dann gegen Abend die Hauptmahlzeit: der Verzicht auf das Mittagessen gilt als besondere und nicht immer geschätzte asketische Leistung[79]. Gemeinsamer Gottesdienst vereinigt die Hausgemeinde ebenfalls zweimal am Tage: in der Morgenfrühe vor Sonnenaufgang und am Abend[80]. Die Feier besteht in der Rezitation von 12 Psalmen, denen jeweils ebensoviele Gebete und zwei Lesungen folgen: der Vortrag der Psalmen erfolgt durch Einzelne, die in die Mitte der auf kleinen Schemeln sitzenden Gemeinde treten[81]. So war es in allen ägyptischen Klöstern üblich, und es ist eine Besonderheit der pachomianischen Ordnung, daß beim Abendgottesdienst die

---

[76] Amerikanische Forscher haben 1912—1914 in einem Tal bei Theben ein Kloster freigelegt, das vom 5. bis 7. Jh. bestanden hat und uns einen Einblick in die greifbare Wirklichkeit des Mönchtums der Wüste gewährt. Da sind die Gebäude, die Geräte, die Erzeugnisse der Arbeit und sogar die mumifizierten Mönche selbst in ihrer Tracht gefunden worden, dazu die Korrespondenz. W. E. Crum hat Bd. 1, 125—185 eine zusammenfassende Studie über das Leben der Thebanischen Einsiedler beigesteuert. Publications of the Metropolitan Museum of Art: Egyptian Expedition ed. by Albert Morton Lythgoe; The Monastery of Epiphanius at Thebes ed by H. E. Winlock, W. E. Crum, H. G. Evelyn White, New York 1926. 2 Bde. folio. Dazu Gött. Gel. Anz. 1928, 112—116.

[77] Pachomii vita I 28 p. 18.

[78] Reg. 13. 15. 23. 24. 27; vgl. 64. 111. 129.

[79] Pachom. vita 69 p. 46, 8. Paralipom. 29 p. 156, 25 Hieron. Praef. 5 p. 7.

[80] s. Bd. 3, 305.

[81] so Cassian, Instit. 2, 6. 7.

Zahl der Psalmen und damit auch der Gebete auf sechs ermäßigt wurde[82].

Gemeinsamer Gottesdienst des ganzen Klosters findet Samstags am Abend und Sonntags statt[83], und zwar in der gleichen Form wie die täglichen Andachten[84], aber am Sonntag früh, vielleicht auch am Samstag Abend[85], ist mit der liturgischen Feier die Darbringung des eucharistischen Opfers verbunden, und zu diesem Zwecke ließ man anfangs einen Priester aus einer Kirche der Nachbarschaft kommen, bis allmählich auch Priester ohne Anspruch auf besondere Vorrechte in das Kloster eintraten[86]. An diese Feiern schloß sich ein Lehrvortrag, eine „Katechese" des Abtes an; in den einzelnen Häusern fand an den Fasttagen Mittwoch und Freitag katechetische Unterweisung durch den Hausvater statt, und zwar in der Morgenfrühe[87]. Bei diesen Andachten hat der Mönch früh und spät vielfach mit dem Schlaf zu kämpfen: darum darf er auch hier nicht müßig sein, sondern soll die Spindel handhaben und fleißig Fäden für seine Matten drehn[88].

Zwischen den beiden Gebetszeiten geht der Tag hin in gleichmäßiger Arbeit, die jeder in seiner Zelle verrichtet: so ist die Einsamkeit des Anachoreten auch im Kloster gewährleistet, und klare Schweigegebote sorgen dafür, daß sie nicht durch Besuche der Brüder untereinander noch durch weltliche Gespräche irgendwelcher Art gestört wird. Auch bei den Mahlzeiten ist alles Sprechen verboten und jeder muß den Kopf mit der Kapuze bedeckt halten, um sich so auch äußerlich vom Nachbarn zu schei-

---

[82] Pachom. vita 58 p. 40, 14. Reg. 23. 121. 125. 126. 155. 186. Zwölf Abendgebete nach Epist. Amunis 22 p. 110, 33.

[83] Pachom. vita 29 p. 19, 8. 9 147 p. 93. 15. Epist. Amun. 22 p. 111, 5. 8.

[84] Reg. 155.

[85] Sokrates 5, 22, 43—44 vgl. Pachom. vita 29.

[86] Pachom. vita 27. Reg. 15—16. 18.

[87] Pachom. vita 28 p.19, 3—5 (danach zu verbessern Reg. 20? St. Schiwietz, Mönchtum 1, 1904, S. 204 Anm. 1), vgl. Reg. 138. 156. Oder ist Reg. 20 ein früheres Stadium? Morgenfrühe: Reg. 19. 22; vgl. Paral. 19 p. 143 f.

[88] Reg. 5.

den[89]. Geschlafen wird nicht auf Pritschen, sondern auf Liegestühlen[90].

Diese ganze strenge Lebenshaltung wird von der freiwilligen Zustimmung der Mönche getragen: denn die in der Regel vorgesehenen Strafmittel sind geringfügig und von beinahe kindlicher Art. Die am meisten erwähnte und gegenüber einzelnen üblen Gewohnheiten oder Missetaten bis zu zehnmal hintereinander angewendete Strafe ist der Verweis durch den Abt, der in demütiger Haltung vor der ganzen Gemeinde entgegengenommen werden muß[91]. Daneben erscheint die Strafe des Stehens, während die anderen Brüder sitzen, was nach oder auch vor eines Arbeitstages Last und Hitze sehr empfindlich sein konnte[92]. Eine Ehrenstrafe ist der Verlust des nach dem Dienstalter erworbenen Platzes und Versetzung unter die Letzten oder bei Vorgesetzten die zeitweilige Suspendierung von ihrem Amt[93]. Vereinzelt begegnet der Ausschluß von der Mahlzeit und die Verurteilung zu längerer Entfernung aus der Gemeinschaft „bei Wasser und Brot"[94]. Prügelstrafe findet sich in der Regel nur einmal[95] vorgesehen für einen Mönch, „der die Brüder mit Reden aufhetzt und die Seelen der Einfältigen verkehrt".

Die Strafgewalt übt allein der Abt (Abba, Vater) aus, denn in seinen Händen ruht die ganze Verantwortung für das Leben und Gedeihen des Klosters; er hat — wie übrigens alle Amtsträger der Mönchsgemeinde — einen ständigen Stellvertreter (Deuteros), und für die wirtschaftlichen Geschäfte steht ihm ein Verwalter (Oikonomos) zur Seite. Zuweilen tritt auch ein Rat der „Großen" als eine Art Senat des Klosters in die Erscheinung.

Alle Klöster unterstehen dem Generalabt Pachom, der in dem Hauptkloster Pabau (Fau-Kebli)[96] residiert, wo der Sitz der

---

[89] Reg. 112. 116. 122. 60. 31. 29; vgl. Hist. Laus. 32 p. 92. 1.
[90] Reg. 88 Hist. Laus. 32 p. 89, 7.
[91] Reg. 8.
[92] Reg. 21. 22. 31.
[93] Reg. 161. 136. 137.
[94] Reg. 32. 160. 163.
[95] Reg. 163.
[96] Baedeker[8] 224.

Zentralverwaltung ist. Hier ist zweimal im Jahr, zu Ostern und am 13. August, Generalkonvent, den nicht nur die Äbte, sondern alle Mönche aller Klöster besuchen müssen: bei dieser Gelegenheit werden nicht nur geistliche und organisatorische Fragen geregelt, sondern zum Augusttermin auch von jedem Kloster ein Rechenschaftsbericht über seine Wirtschaft vorgelegt[97]. Aus dem einen Urkloster von Tabennisi hat sich nämlich im Laufe von zwei Jahrzehnten ein ganzer Verband von Klöstern entwickelt, die alle von Pachom begründet sind und nach der gleichen Regel leben. Sie liegen sämtlich in der Gegend oberhalb der Nilschleife zwischen Dendera und Panopolis (Achmim) und strecken nur mit Pichnum bei Latopolis (Esna) einen Fühler in die obere Thebais hinauf[98].

Nicht immer wurden diese Gründungen freudig begrüßt. In Panopolis wünschte der Bischof der Stadt die Anlage eines Klosters, aber die Bevölkerung legte die eben errichteten Mauern nieder und nur durch ein Wunder konnte der Bau vollendet werden[99]. Aber im ganzen setzte sich dies regulierte Mönchtum in steigendem Maße durch, fand Nachahmung und lockte die meist noch heidnischen Fellachen zum Christentum: es sind durchweg Kopten, die in den pachomianischen Klöstern wohnen, und vereinzelt finden wir Griechen unter ihnen, die als eigenes „Haus" zusammengeschlossen sind — in Pabau beispielsweise zwanzig Mann. Für sie werden die koptischen Ansprachen des Abtes durch einen Dolmetsch übersetzt[100].

Gegen Ende des vierten Jahrhunderts ist Ägypten bereits das klassische Land des Mönchtums[101], und man reist dorthin, um bei den berühmten Anachoreten und in den als vorbildlich geltenden Klöstern die rechte Art der Askese zu studieren. Die uns erhal-

---

[97] Pachom. vita 83. 122. Reg. 27.

[98] Übersichtliche Karte bei Butler, Hist. Laus. 2 XCVIII. Die vita Pachomii 112 p. 73 11 zählt 9 Klöster, vgl. ebda 81. 83 und 54. Unter Theodor sind es elf Epist. Amun. 21, später zwölf Pachom. vita 134.

[99] Pachom. vita 81.

[100] Amunis epist. 7, vgl. 27.

[101] Eine Liste ägyptischer Klöster bei Cabrol Dict. 2, 3129—3136.

tenen Reiseberichte führen uns durch ganz Ägypten vom Delta und Natrontal bis nach Esna hinauf und die Stadt Oxyrhynchos (Behnesa)[102] wird uns als ein richtiges Mönchsparadies geschildert. In ihr gibt es keine Heiden oder Häretiker, so daß der Bischof auf offener Straße den Segen spenden kann. In zwölf Kirchen versammelt sich das Volk zum Gottesdienst, aber größer als die Zahl der Laien ist die der Mönche. Innerhalb der Stadtmauer reiht sich Kloster an Kloster, jedes mit eigener Kapelle ausgestattet, aber der Raum ist zu enge geworden, so daß eine neue Stadt von lauter Klöstern vor den Mauern aufgebaut werden mußte, um den 10 000 Mönchen und 20 000 Nonnen Unterkunft zu bieten. Der Geist christlicher Frömmigkeit beherrscht das ganze Gemeinwesen, derart, daß der Magistrat seine Polizeidiener anwies, vor den Stadtmauern nach bedürftigen Reisenden Ausschau zu halten und sie zum Empfang von Almosen aufs Rathaus zu führen. Gewiß, der Maler hat bei diesem Bilde den Pinsel kräftig in Gold getaucht, aber als sicherer Untergrund wird doch erkennbar, daß es um 400 in Oberägypten Orte gab, an denen die Klöster das Stadtbild beherrschten.

Aber auch aus früher Zeit haben wir zuverlässige Kunde von kräftiger Auswirkung gerade des pachomianischen Klosterwesens. Die Anhänger des Meletius mit ihrem altkirchlichen Rigorismus[103] neigten begreiflicherweise zur Askese. Aus neuerlich aufgefundenen Papyrusurkunden ersehen wir jetzt, daß sie schon um das Jahr 335 regelrecht organisierte Klöster in Mittel- und Oberägypten besaßen. Der Zusammenhang dieser Klöster mit der von Pachomius ausgehenden Bewegung ist von vornherein wahrscheinlich[104] und wird dadurch bestätigt, daß wir auch in ihnen die pachomianische Sitte des Betens in beständiger kreuzförmiger Körperhaltung finden[105].

Zugleich mit der Regulierung des männlichen Asketentums

[102] Hist. mon. 5.
[103] s. Bd. 3, 91 f.
[104] K. Holl, Ges. Schriften 2, 295 f.
[105] H. Idris Bell, Jews and Christians in Egypt (1924) S. 81 f. Pap. n. 1917, 6. 19; vgl. Pachom. vita 16 p. 10, 29; vgl. 5 p. 3, 29 vita altera 50 p. 219, 12.

ist auch für die Nonnen Fürsorge getroffen worden. Schon Antonius bringt seine Schwester in einem bereits bestehenden Nonnenhaus (Parthenon) unter, und Pachomius baut ein solches für seine Schwester, gibt ihm eine Regel und stellt es unter die geistliche Aufsicht eines alten Mönches[106]. Sein zweiter Nachfolger Theodoros gründet zwei weitere Nonnenklöster[107].

*

Worin bestand für diese Tausende und Abertausende von einfachen ägyptischen Bauern, die sich in die Klöster drängten, das Christentum — das ihnen in den meisten Fällen mit Mönchtum gleichbedeutend war? Äußerlich gesehen, verschafft es eine Sicherstellung ihres irdischen Daseins, Schutz gegen Hunger und Obdachlosigkeit und Gewöhnung an regelmäßige, wenn auch meist recht mechanische Arbeit. Die Klöster wurden zu Fabriken von Flechtwaren aller Art, hatten ihren ständigen Handelsverkehr mit der Hauptstadt im Delta, und wo ein geschäftskundiger Abt das Kloster leitete, da wurden auf eigener Werft die Transportschiffe gebaut und von dem Erlös der Waren weite Ländereien und Wälder angekauft[108]. Wenn diese Betriebsamkeit über eine gewisse Grenze hinausging, erregte sie freilich Mißstimmung bei den strengeren Brüdern, aber im Laufe der Zeit werden sich alle Klöster irgendwie den wirtschaftlichen Notwendigkeiten angepaßt haben. Aber bei dieser Leiblichkeit des Lebens blieb es nicht. Die Klosterzucht mußte mit elementarer Gewalt auch das Innenleben des Mönchs ergreifen und ihm eine Aufgabe für seine Seele zeigen: welche war das?

Wir können dem Wesen dieser Frömmigkeit ägyptischer Mönche von mehr als einer Seite her nahe kommen, weil wir Quellen besitzen, die sich die eindrucksvolle Schilderung eben dieser Frömmigkeit zum Ziele gesetzt haben. Von den „Sprüchen

---

[106] Athan. vita Ant. 3. Pachom. vita altera 28 p. 196 = tertia 42 p. 278. Ebenso Theodors Mutter Pachom. vita 33.

[107] Pachom. vita 134.

[108] Pachom.vita 127. 146.

der Väter“ ist bereits die Rede gewesen[109]. Sie geben uns vielfach ganz unmittelbar, was wir suchen und sind nur in einzelnen späteren Schichten durch theologische oder literarische Reflexion gefärbt. Auch die Pachomiusliteratur bringt wertvollen Stoff aus dem Material, das von Theodoros, dem zweiten Nachfolger des Pachom, gesammelt ist, und fügt viele Erinnerungen an diesen Theodor hinzu. Drittens haben wir in der Mönchsgeschichte des Rufin einen auf 394 datierten Reisebericht, der trotz aller Stilisierung und Tendenz noch reichlich Aufschluß über echte Mönchsfrömmigkeit gibt. Wir haben diese Geschichte in der originalen griechischen Sprache erhalten, aber Rufins lateinische Übersetzung hat eigenen Wert, weil ihr vielfach eine bessere griechische Textform zugrunde liegt[110].

Dies Werk wird nachgeahmt in der wenig später entstandenen und dem Palladius zugeschriebenen „Historia Lausiaca“, d. h. einer dem Oberstkämmerer Lausos gewidmeten Mönchsgeschichte[111]. Hier ist planmäßig die Beschränkung auf Ägypten und auf Männer beseitigt: es wird auch von heiligen Frauen berichtet und das Mönchtum von Palästina, Syrien und Kleinasien in die Schilderung einbezogen. Der Verfasser ist kein anderer als der Biograph des Johannes Chrysostomos und er mischt eigene Erlebnisse aus langjährigem Asketentum in Ägypten mit fremder Kunde und unzweifelhafter Fabelei: aber aus alledem formt sich ein einheitliches Bild von dem Innenleben dieses frühen Mönchtums des vierten Jahrhunderts.

Die Welt ist voller Dämonen, die den Menschen an Leib und Seele bedrohen und ihm den Weg zu Gott versperren. Und diese Macht über den Menschen haben sie wegen seiner Sünde. Wer das einmal begriffen hat, sehnt sich nach Befreiung von diesen teuflischen Gefahren und findet sie dargeboten im Christentum, das eine Überwindung der Sünde und damit der Dämonengefahr

---

[109] s. S. 131. Auswertung dieser Quelle bei Heussi, Mönchtum 154—280.

[110] Griechisch bei E. Preuschen, Palladius und Rufinus (1897) S. 1—130. Lateinisch bei Migne Patrol. Lat. 21, 387—462. Dazu E. Schwartz ZNW 36 (1937) 164 Anm. 6. [111] Ausgabe von C. Butler in Texts and Studies 6, 2 (1904). Dazu Ed. Schwartz ZNW 36 (1937) 161 ff.

verheißt durch Absage an die Welt. Aber das ist keine leichte Sache, sondern will mühsam gelernt sein. So ist es das Sicherste, sich zu einem Lehrer der Askese zu begeben und ihm um seine Unterweisung zu bitten, oder einfacher noch, in ein Kloster zu gehn, wo in größerer Gemeinschaft die Vermeidung der Sünde gelehrt und die christlichen Tugenden geübt werden. Die Frage, ob man denn nicht auch in der gewöhnlichen Kirchengemeinschaft das gleiche Ziel erreichen könnte, wird gar nicht erst gestellt, und der Grund ist klar. Sobald man in die ausgebildete Technik dieses asketischen Dämonenkampfes eingedrungen ist, erscheint der Gedanke, sie im bürgerlich-kirchlichen Leben auszuüben, als gänzlich undurchführbar. Allein schon die Unruhe des täglichen Lebens und die unvermeidliche Berührung mit dem andern Geschlecht zerstören die seelische Konzentration, auf der sich jeder geistliche Fortschritt aufbaut. Wohl wird gelegentlich zur Beschämung mönchischen Selbstgefühls auf die von Gott anerkannten Tugenden von Weltleuten verwiesen[112], aber doch eben nur mit einem aus pädagogischen Gründen geleisteten Seitenblick. Sonst ist für diesen ganzen Kreis Christentum als Erlösungsreligion gleich Mönchtum, denn die Dämonen kann man nur durch Askese überwinden, und Askese kann man praktisch nur außerhalb der „Welt" treiben[113].

So ist denn für diese Mönche das Wesen des Christentums Ethik, d. h. Selbstzucht von Leib und Seele bis zur vollendeten Affektlosigkeit, zur höchstmöglichen Verneinung alles Leiblichen. Daraus erklärt sich auch die völlige Gleichgültigkeit dieser Kreise gegen alle spekulative Theologie und Dogmatik, auch wenn sie vereinzelt als christliche Demut gegenüber himmlischen Dingen, die für den Menschen zu hoch sind, ausgegeben wird. In Wirklichkeit besteht keine innere Verbindung zwischen dieser Ethik und jener Dogmatik. Origenes konnte beide Welten umspannen und zur Einheit bringen: die koptischen Mönche waren dazu nicht fähig. Selbst der Name Jesu wird kaum genannt: nur die stren-

---

[112] Apophth. Antonius 24 p. 84. Hist. mon. 16. Dazu Reitzenstein, Studie S. 34 ff.

[113] Apophth. Poimen 8 p. 324 a.

gen Forderungen der Bergpredigt sind als Richtlinien der Askese gegenwärtig. Wenn vom Kreuz gesprochen wird, so tritt uns nicht die Passionsgeschichte mit all ihren theologischen Umrahmungen entgegen, sondern wir hören vom Kreuzeszeichen und seiner dämonenscheuchenden Kraft.

Aber trotzdem legen die Mönche höchsten Wert auf Orthodoxie und stellen jeder Art von Häresie fanatische Feindschaft entgegen[114]. Das ist eine formale Korrektheit ohne innere Einsicht. Sie erhalten das Stichwort vom alexandrinischen Stuhl[115] und wenden sich gegen den jeweils bezeichneten Ketzer. So sind diese Wüstenmönche bald zu einer zuverlässigen Kampftruppe des ägyptischen Papstes geworden. Nur in den Anfängen finden wir starken meletianischen Einfluß in den Klöstern, und gegen 400 hat eine Gruppe griechisch gebildeter Nitrioten sich zu Verteidigern des Origenes aufgeworfen, während die Masse des Mönchtums den Ketzer im Einklang mit dem Patriarchat grimmig bekämpfte: da verteidigten sie aber auch eine primitive Gottesvorstellung gegen die Vergeistigung griechischen Denkens — die Nitrioten unterlagen natürlich.

Die Bibel spielt in der mönchischen Praxis eine große Rolle als Gegenstand gedächtnismäßiger Aneignung. Wir haben gehört[116], wie schon der Neuling seine Eignung zum Mönchtum durch Einprägen von Psalmen und neutestamentlichen Briefen beweisen muß, und der gute Mönch strebt eifrig nach Vergrößerung dieses biblischen Schatzes. Immer wieder hören wir von Mönchen, die das ganze heilige Buch auswendig wissen[117]. Das wird hie und da wohl übertrieben sein, aber was geleistet wurde, hören wir von einem Augen- und Ohrenzeugen, der uns berichtet[118], daß der Vater Heron während eines Marsches von 40 Meilen, also 60 Kilometern, auswendig hersagte: 15 Psalmen, danach den langen Psalm 119, dann den Hebräerbrief, den Pro-

---

[114] Amun epist. 2. 12. 32; vgl. Pachom. vita 31. Paralip. 7. Apopth. bei Heussi, Mönchtum 272 ff.

[115] Pachom. vita 94.

[116] s. S. 134.

[117] Hist. Laus. 11. 26. 32. 37. 58.

[118] Hist. Laus. 26.

pheten Jesaias und einen Teil von Jeremias, das Lukasevangelium und schließlich die Sprüche Salomonis.

Aber dieses Auswendiglernen bleibt eine äußere asketische Leistung, ein geistiges Mattenflechten. Es dringt nicht in die Seele und gibt der mönchischen Gedankenwelt nur in ganz geringem Maße biblische Färbung. Wenn man die „Sprüche der Väter" durchgeht, so findet man erstaunlich wenige biblische Zitate, und diese sind meist als asketische Weisungen vorgebracht, nur ganz vereinzelt begegnet einmal ein Hinweis auf biblische Gestalten, die dann als Vorbilder oder Tugendtypen gewertet werden. Der Gegensatz dieser Mönche gegen das kirchliche Denken tritt grell zutage, wenn ein Bischof wie Epiphanius von Cypern in dieser Umgebung zu Worte kommt und eine ganze Reihe biblisch empfundener Sprüche[119] von sich gibt. Daneben muß man die Vorschrift des Vater Amun[120] halten: Wenn ein Mönch seinen Nachbarn in der Zelle besucht, so sollen sie selbstverständlich nichts „Fremdes", d. h. Weltliches, miteinander reden. Der Schüler fragt, ob sie mit Sprüchen der Bibel oder Sprüchen der Väter zueinander reden sollen. Antwort: Besser ist es mit Sprüchen der Väter und nicht mit Bibelworten, denn das ist doch recht gefährlich. Damit ist zutreffend die Denkweise dieser koptischen Mönche wiedergegeben: die Bibel ist ihnen ein ob seines göttlichen Ursprunges ehrfürchtig bestauntes, pflichtmäßig auswendig zu lernendes, aber weithin unverständliches und im Grunde unheimliches Buch. Da halten sie sich lieber an die Lehren der Männer, die ihnen als lebendige Gottesboten aus ihrem eigenen Fleisch und Blut nahestehn und verständlich sind.

Neben dem Hersagen von Psalmen und anderen Bibelbüchern steht das Gebet als tägliche Nahrung der Seele. Auch dies ist natürlich kein freies Reden mit Gott, sondern ein Rezitieren formulierter Gebete, wohl in erster Linie des Vaterunsers. Wie sehr dies Beten als asketische Leistung gewürdigt wurde, zeigt die Bekümmernis des Vaters Paulus von Sketis, der über

---

[119] Apophth. Epiphanius 5—15 p. 164 ff.; vgl. auch Kronios 1. 2. 4 p. 248.

[120] Apophth. Amun 2 p. 128.

300 formulierte Gebete verfügte, die er täglich hersagte: die Zahl kontrollierte er durch 300 Steinchen, von denen nach jedem Gebet eins zu Boden geworfen wurde. Als er aber erfuhr, daß eine Asketin in einem Dorfe täglich 700 Gebete zu leisten imstande sei, wurde er tiefbetrübt und mußte durch Makarius getröstet werden, der behauptete, täglich nur 100 Gebete zu sprechen und dabei doch ein gutes Gewissen zu haben. Wenn Paulus bei 300 Gewissensbisse empfinde, so bete er entweder nicht mit reinem Herzen oder er vermöge doch eine höhere Zahl zu erreichen[121].

Einmal ist uns eine solche Gebetsformel erhalten. Vater Lucius von Enaton betet bei der Arbeit des Seilflechtens unablässig: „Gott, sei mir gnädig nach deiner Güte und tilge meine Sünden nach deiner großen Barmherzigkeit“ (Psalm 51, 3) und führt das den ganzen Tag bis zum Abend durch[122]. Hier ist das Sündenbewußtsein des Mönches als Grundmotiv des Gebets ausgesprochen; es liegt aber jeder Äußerung mönchischer Hilfsbedürftigkeit und Demut zugrunde, denn es bezeichnet den Angriffspunkt für die Dämonen und findet im Gebet das kräftigste Heilmittel, das die Seele zu Gott erhebt und dem Wirkungsbereich der Dämonen entrückt. Ein tiefes Wort ist vom Vater Agathon[123] überliefert: „Jedesmal, wenn der Mensch beten will, versuchen die bösen Feinde ihn zu hindern: denn sie wissen, daß sie durch nichts so gefährdet werden, wie durch das Gebet zu Gott. Jeder Weg, den der Mensch betritt, führt ihn bei beharrlichem Fortschreiten zu einem Ruhepunkt. Nur das Gebet bedarf bis zum letzten Hauch der Anspannung.“ Und Vater Makarius[124] gibt die schlichte Anweisung: „Du brauchst nicht viel zu plappern, sondern nur die Hände auszubreiten und zu sagen: Herr, nach dem du willst und weißt, erbarme dich! Und wenn du im Kampf stehst: Herr hilf! Er weiß schon, was du brauchst und hat mit uns Erbarmen.“

---

[121] Hist. Laus. 20.
[122] Apophthegm. Lucius p. 253 c.
[123] Apophth. Agathon 9 p. 112.
[124] Apophth. Macarius 19 p. 269.

In diesem Bewußtsein, daß die Sünde von Gott scheidet und nur durch Gebet zum barmherzigen Gott überwunden werden kann, liegt das eigentlich Christliche dieses sonst nur äußerlich mit dem Christentum verbundenen Mönchswesens. Aber dieser tiefste Kern tritt nur selten klar zutage, und das Gebetsleben wird im allgemeinen durch die Mechanisierung zu einer Leistung des die Müdigkeit niederkämpfenden Willens. Ist doch die ganze asketische Technik darauf eingestellt, durch einförmige Gleichmäßigkeit der Lebensführung und äußerste Anspannung der Seelenkräfte eine siegreiche Konzentration aller Funktionen des Ich auf die Erreichung des einzigen Zieles zu erwirken — nämlich auf das Ergreifen des Göttlichen, das sich in seiner höchsten Form als Schauen Gottes den wenigen voll Begnadeten beschert.

Der gewöhnliche Mönch hat keine Visionen, aber den „Vollkommenen"[125] zeigt der Gottesgeist Überirdisches und Zukünftiges. Die den altchristlichen Propheten nachgerühmte Gabe des Lesens in fremden Seelen[126] wird auch den Heroen des Asketentums verliehen zugleich mit der Vollmacht, Sündenvergebung in Gottes Namen zu verkündigen[127]. Kommende oder an fernen Orten sich vollziehende Ereignisse sehen sie voraus, und ihre eigene Todesstunde wird ihnen frühzeitig offenbart[128]: und wenn einer ihresgleichen von dieser Erde scheidet, sehen sie, wie seine Seele von Engeln unter Lobgesängen gen Himmel getragen wird[129]. Der Vater Sisoes erzählt in seiner Todesstunde den an seinem Lager sitzenden Vätern, was sein Auge schaut[130]: der Vater Antonius kommt ihm entgegen, dann der Chor der Propheten, danach die Apostel, und während sein Antlitz immer heller erstrahlt, heben ihn die Engel auf, und der Herr selbst

---

[125] Hist. mon. 30, 1.

[126] 1. Kor. 14, 24. 25; s. Bd. 1, 145.

[127] Pachom. vita 106. Amun. epist. 3, 16. 17–23. 28. Hist. mon. 8, 25, 13, 10 18, 1.

[128] Amun. epist. 13. 31. 34. Hist. Laus. 4. 14. Athan. vita Ant. 82. 87. Hist. mon. 1, 65 16, 23 19, 3 32.

[129] Athan. vita Ant. 60. Amun. epist. 25. Paralip. 13. Hist. mon. 16, 24.

[130] Apophth. Sisoes 14 p. 396.

naht sich mit den Worten: Bringt mir das auserwählte Werkzeug der Wüste. Da leuchtet sein Antlitz wie die Sonne und er gibt den Geist auf. Ein Blitz flammt auf und Wohlgeruch erfüllt das ganze Haus.

In diesen Visionen wird die Welt der Bibel lebendig, und hier finden wir auch einmal einen Mönch, der mit der Gottesmutter Maria unter dem Kreuz steht und weint[131]. Das Weltgericht wird geschaut, aber doch nicht in der ganzen Majestät der neutestamentlichen Apokalyptik geschildert, sondern nur angedeutet und auf den Kreis der Mönche beschränkt. Der Abt Theodor von Pabau nimmt einmal an dem nächtlichen Gottesdienst der Engel in seiner Klosterkirche teil und schaut dabei den leuchtenden Glanz der himmlischen Heerscharen. Er hat visionäre Gaben in besonderem Maße — ist aber dadurch der Kirche auch verdächtig und vor einer Synode zu Latopolis zur Verantwortung gezogen worden. Das hat ihn für die Zukunft zu größter Verschwiegenheit über sein ekstatisches Erleben bewogen[132].

Nur einmal wird uns von der Erreichung des letzten Zieles erzählt: Vater Silvanus — derselbe, der das Weltgericht sah — hat einem Schüler, der ihn in der Ekstase beobachtete, gestanden[133]. Ich wurde in den Himmel entrückt und schaute die Herrlichkeit Gottes. Sonst aber ist das hohe Wort Gottesschau (Theoria) zur Bezeichnung der „Beschaulichkeit", der Konzentration der Gedanken auf Gott, also zum inneren Gottempfinden geworden. Mit ihren Augen sehen die Begnadeten nur Teile der himmlischen Substanz in der Gestalt von Feuererscheinungen[134]. Ihre Seelen aber werden in den Stunden der lautlosen Versenkung in sich selbst von Gott berührt, und es ist von dem Gesamtzustand des Einzelnen abhängig, ob er zur Ekstase und zur visionären Schau der Himmelswelt emporsteigt. Davon wird in den Quellen dieses Mönchtums aber nicht viel geredet. Erst wenn

---

[131] Apophth. Poimen 144 p. 357.

[132] Apophth. Silvanus 2 p. 408. Pachom. vita 71. 102. Theodor: Amun. epist. 14. Pachom. vita 112. 135.

[133] Apophth. Silvanus 3 p. 408.

[134] Heussi, Mönchtum 267. 179.

wir in den Bezirk der fabulierenden Legende eintreten, hören wir von Paradieseswanderern[135].

Ohne große Worte wird uns einmal das Ideal eines pachomianischen Mönchs gezeichnet[136]. Ein Junge, der nicht gut getan hat, wird von Pachom einem älteren Bruder zur Erziehung übergeben, „und so flochten sie miteinander Matten und führten das Fasten und Beten durch, wie es sich geziemt. Und der Bursche war angewiesen, dem Alten zu gehorchen und tat das auch in allen Stücken. Nicht einmal ein Blatt Salat aß er unaufgefordert. Und er war nicht so demütig und bescheiden, daß er seinen Mund nicht auftat. Er hob auch seine Augen nicht leicht zu jemand auf. Askese trieb er fleißig. Für sich allein hielt er Nachtwachen; wenn er sich nämlich satt gebetet hatte und müde war, setzte er sich mitten in seiner Zelle hin, verschaffte sich so die nötige Ruhe und flocht die Nacht hindurch[137]. Und um es kurz zu sagen, er wurde ein lebendiger Mensch." Diesem Bilde sind Extravaganzen so fern wie den Seelen derer, in denen es entstanden ist, aber es zeigt vortrefflich, wie ein einfacher Mann dem Väterspruch[138] nachlebt: „Wenn der Mensch nicht in seinem Herzen sagt Ich allein und Gott sind in der Welt, wird er keine Ruhe finden."

Der Mönch braucht die anderen Menschen nicht. Er braucht eigentlich auch die Kirche und ihre Sakramente nicht, denn sein Heilsweg beruht allein auf seiner eigenen sittlichen Kraft. Aber der Sonntagsgottesdienst ist doch undenkbar ohne das eucharistische Opfer und in seiner Folge die Kommunion. So hat das Sakrament seine Stelle im mönchischen Leben, wenn auch nicht im mönchischen System: es ist ein unsagbar Heiliges, ein Göttliches, das in sein Erdenleben hineinragt, aber wir hören nicht, daß von seiner Wirkung auf den Fortschritt der Seele gepredigt oder darüber diskutiert wird.

---

[135] z. B. Hist. mon. 11, 19—20 12, 7, vgl. 28, 5—12, dazu Reitzenstein, Studie 174 f.

[136] Pachom. vita 105.

[137] Vgl. Hist. Laus. 2 p. 17, 10.

[138] Apophth. Alonios 1 p. 133.

Wohl erfahren wir, daß einmal „ein großer Praktiker“[139] von Zweifeln über die Wirklichkeit der Brotverwandlung durch eine Schau zu dem rechten Glauben der katholischen Kirche bekehrt worden sei: das war sein Heil, denn sonst hätte er „seine Mühe verloren“. Als der Priester das Brot in die Hände nahm, erblickte er ein Kind: und der Engel des Herrn kam vom Himmel herab mit einem Schwert, schlachtete das Kind und ließ sein Blut in den Becher rinnen. Und als der Priester das Brot in kleine Stücke brach, hieb auch der Engel das Kind in kleine Stücke. Als dem Zweifler aber nun zur Kommunion das blutige Fleisch geboten wurde, schauderte er zurück und begriff, warum Gott das Sakrament nicht in seiner wahren, sondern unter einer für menschliches Empfinden genießbaren Gestalt spende[140].

Das ist eine anschauliche Belehrung über die Wirklichkeit der eucharistischen Opferhandlung nach orthodoxer Auffassung, aber auch nicht mehr. Der Mönch würde „seine Mühe verloren“ haben, wenn er eine irrige Meinung über diesen Akt gehegt hätte; dann wäre er eben Häretiker gewesen. Aber was diese Opferung ihm nutzt und warum sie nötig ist, wird nicht mitgeteilt oder erörtert. Das tritt schon eher in den Geschichten zutage, die den vollendeten Asketen lange Zeit oder für immer nur von der Eucharistie unter Ausschluß aller irdischen Nahrung leben lassen: da ist die Speise des Abendmahls sichtlich das der jenseitigen Welt zugehörende Himmelsbrot, von dem auch die Engel sich nähren, also das den Gläubigen schon auf Erden gewährte Unterpfand und der Vorgeschmack des ewigen Lebens. Aber häufiger sind doch wieder die Berichte, welche den Vollkommenen wunderbares Himmelsbrot ohne Vermittelung der Eucharistie zukommen lassen[141]. Und so kann es geschehen, daß ein überheblicher Asket, von den Dämonen verblendet, erklärt, er habe Christus geschaut und bedürfe deshalb des Sakraments nicht mehr. Das ist an sich ganz folgerichtiger Radikalismus des Mönch-

---

[139] Darüber s. Reitzenstein, Studie 129 Anm. 2.

[140] Apophth. Daniel 7 p. 156 f.

[141] Hist. mon. 15, 2; 1, 47 2, 9 8, 5. 38—41 11, 6. 21 12, 5 13, 3. 4. 14. Hist. Laus. 18. 26.

tums[142], aber widerspricht der Praxis der mönchischen Kirchentreue. Die Väter erklären ihn denn auch für verrückt und legen ihn ein Jahr in Eisen, bis er wieder gesund ist.

Und wie nötig die Kommunion schlechthin jedem Christen ist, predigt eindringlich der heilige Makarius der Ägypter, nachdem er einer in eine Stute verwandelten Frau ihre menschliche Gestalt zurückgegeben hat: nur darum hat der Zauberer Macht über sie gewonnen, weil sie fünf Wochen lang nicht zum Sakrament gegangen ist[143]. Ein guter Mönch soll womöglich täglich die Kommunion empfangen, lehrt Vater Apollos von Hermupolis[144]. Darum sind die Priester auch in den Klöstern und Mönchskolonien vonnöten, und durch sie haben die Bischöfe eine mit Vorsicht und Takt auszuübende Möglichkeit der Verbindung zu den Kreisen des Asketentums. Das hat zunächst zu einem recht freundlichen Verhältnis gegenseitiger Höflichkeit geführt[145]. Allmählich bildet sich auch ein Klerus aus dem Kreis der Mönche heraus, obwohl dies den Wünschen des Pachom zuwider ist, aber von der Praxis einfach gefordert wird: eine in ihrer Umgebung angesehene Persönlichkeit erhält die Priesterweihe und damit die kirchliche Legitimation zur Darbringung des eucharistischen Opfers[146], und es gilt als krankhafte Überheblichkeit, wenn ein Mönch behauptet[147] „in dieser Nacht sei er von Christus zum Presbyter geweiht worden" — womit er doch nur den uralten Anspruch des Pneumatikers gegenüber dem regulären Klerus erneut. Aber das Allgemeinempfinden des ausgebildeten Mönchtums um 400 lehnt diese Form des Geisteswirkens ab. Auch zu Bischöfen werden gelegentlich Mönche geweiht[148], aber da die Ordination zugleich ein Heraustreten aus der Einsamkeit in die Geschäftigkeit der Welt bedeutete, finden wir hier auch den

---

142 vgl. auch Apophth. Motios 1 p. 300.

143 Hist. Laus. 25 p. 80, 10 17 p. 46, 7.

144 Hist. mon. 8, 56.

145 Pachom. vita 29. 30. 81. 143 f. Hist. Laus. 16.

146 z. B. Hist. mon. 14. 18. 20. 32. Hist. Laus. 7 (p. 26, 9) 9 (p. 31, 11) 44. 45. 47. 48. 49. 58. Apophth. Matoe 9 p. 292.

147 Hist. Laus. 53.

148 Apophth. Appho p. 133, Nitra p. 312.

Widerstand der Mönche in manchen Fällen mit drastischer Deutlichkeit zutage treten: mehrfach wird uns berichtet, daß entschlossene Asketen sich ein Ohr abschneiden, um der Weihe zu entgehen[149], die ja einem Verstümmelten nicht erteilt werden darf.

*

In der Welt des Mönchtums lebt das Wunder bis auf den heutigen Tag. Was die Gottesmänner des Alten Testaments an Zeichen und Wundern vollbracht, was Christus und die Apostel gewirkt haben, das ist von den Geistesträgern der Urkirche nachgetan und übertroffen worden. Nicht umsonst las man im Johannesevangelium (14, 12) die Verheißung: „Wahrlich, wahrlich, ich sage euch: Wer an mich glaubt, der wird die Werke, die ich tue, auch tun und wird noch größere als diese tun." Der „Beweis des Geistes und der Kraft" wurde in mannigfaltigen Formen immer wieder von gottbegnadeten Männern und Frauen geliefert. Und in dem Maße, wie die Kirche zur Lebensform des in bürgerliche Alltagsformen übergehenden Christentums wurde, fand das Außerordentliche seine Pflegestätte bei Einzelgängern, Schwärmern, Sektierern und schließlich im Mönchtum, das sich ja im besonderen Maße zur Heranbildung vollkommener Geistesmenschen berufen wußte. Und wodurch konnte wohl überzeugender die Erreichung des vorgesteckten Zieles bewiesen werden als durch Wunder?

So ist denn von Anbeginn an das Wunder mit dem Mönchsleben untrennbar verbunden und die Wundererzählung ein notwendiger Bestandteil jedes Berichtes über mönchisches Leben. Auch dafür ist des Athanasius Antoniusbuch das große klassische Beispiel. Aber das Wunder und sein Träger sind keine Besonderheiten des Christentums, sondern sind zu allen Zeiten in der antiken Welt lebendig gewesen und sprießen überall aus dem Boden einer jeden unverdorbenen Naturreligion täglich neu hervor. So ist der wundertätige Mönch der Spätantike für die ihn verehrende Welt keine fremdartige Erscheinung, sondern wird

---

149 Hist. Laus. 11 p. 33, 8. Hist. mon. 26, 2.

von ihr zu der Klasse der „Gottesmänner“, der „Theioi Andres“, gerechnet, die ihr seit Jahrhunderten als übermenschliche Kraftspender wohl vertraut sind. Und darum werden auch alte und weit verbreitete Wundergeschichten der volkstümlichen Überlieferung unbefangen auf christliche Heilige übertragen[150].

Von Visionen und Weissagungen haben wir schon gehört, auch von prophetischem Lesen in fremden Seelen. Aber vor allem ist der große Asket als Nothelfer, als Arzt bekannt, und das Volk pilgert zu ihm und wird von Lahmheit und Blindheit, von Wunden und Schlangenbissen, von Fiebern und Krämpfen geheilt: alle Arten von Besessenen werden durch ein Wort des Heiligen von den sie quälenden Dämonen befreit. Ja, in einzelnen Fällen erweist sich selbst der Tod als nicht unüberwindlich[151]. Auch die Tiere gehorchen willig dem Befehl des Mönches. Sie vermeiden es, seine Anpflanzungen zu betreten und weichen von Orten, die ihnen verboten werden. Wildesel, Schlangen und Krokodile leisten auf Anruf nützliche Dienste als Träger oder Wächter, schädliche Tiere werden durch ein Wort getötet, aber es kommt auch vor, daß eine kluge Hyäne ihr blindes Junges zu dem heiligen Manne bringt, der es heilt: daraufhin schenkt die dankbare Mutter dem gütigen Helfer ein Widderfell[152]. Aber auch des strafenden Wunders ist der Heilige mächtig. Sein zürnendes Wort läßt die Erde beben und tötet Menschen und naschhafte Tiere[153], in milderen Fällen werden Übeltäter zum stundenlangen Stillstehn an einem Ort gezwungen und gestohlener Kohl wird nicht gar[154].

Aber bei einer Hungersnot vermag ein solcher Gottesmann sein von 500 Mönchen bewohntes Kloster samt den Einwohnern des benachbarten Dorfes vier Monate lang aus dem immer nachwachsenden Inhalt von drei großen Brotkörben zu ernähren: ja der Erzähler bezeugt uns, daß er die Körbe am Ende einer sol-

---

[150] Vgl. Ludwig Bieler, Theios Aner, Das Bild des „göttlichen Menschen“ in Spätantike und Frühchristentum, 1935—36.
[151] Hist. mon. 11, 8—9. 13—14. 15—17.
[152] Hist. mon. 13, 5. 6—9 9, 5—7. 8—10. Hyäne: 28, 15—16.
[153] Hist. mon. 8, 10—13. 36—37 13, 5.
[154] Hist. mon. 6, 2. Hist. Laus. 31. Hist. mon 11, 32.

chen Mahlzeit wieder voll habe heraustragen gesehen[155]. Von da ist es nicht mehr weit bis zu dem Heiligen, der aus dem Wüstensande Korn aufwachsen läßt[156], und zu jenem anderen, der auf dem Wasser wandelt, durch die Luft fliegt und die untergehende Sonne solange stille stehn heißt, bis er sein Wanderziel erreicht hat.[157]. So reizvoll es wäre, in diesem Zaubergarten der Wunderlegende zu wandeln, wir dürfen nicht darin verweilen und müssen den wißbegierigen Leser auf die Quellen selbst verweisen, die gerade dieser Seite ihrer Aufgabe besondere Liebe zuwenden[158]. Unsere Darstellung kehrt in die Grenzen der Kirchengeschichte zurück.

*

Mag auch an vielen Orten innerhalb der großen Christenheit das Asketentum gepflegt worden sein und vielleicht auch hie und da eine Art von „prähistorischem" Mönchtum sich gebildet haben, so ist doch unzweifelhaft, daß die in der Kirchengeschichte zu dauerndem Leben erwachsenen Formen des Mönchtums sämtlich aus ägyptischer Anregung erwachsen sind. Aber freilich: bei den Ägyptern selbst hat sich noch eine Spur davon erhalten, daß die Sitte der Unterweisung des Neulings durch einen älteren und bewährten Meister, also die Keimzelle einer Ordnung der asketischen Lebensgestaltung, ihnen aus Syrien ins Land getragen ist, also einem fremden „prähistorischen" Mönchtum entstammt: Alle geistlichen Väter oder Mütter und danach die

---

[155] Hist. mon. 8, 44—47.

[156] Hist. mon. 11, 25—27; vgl. dazu das apokryphe Evangelienfragment ZNW 34 (1935), 290.

[157] Hist. mon. 11, 18. 10—12.

[158] Athan. vita Antonii, deutsch von Hans Mertel in der Bibliothek der Kirchenväter, Bd. 31, 1917 (Athanasius Bd. 2). Die vita Pachomii (secunda) ebenda im Anhang. Die Historia Lausiaca deutsch von St. Krottenthaler (Bibl. d. Kirchenv. Bd. 5, 1912 hinter den Griech. Liturgien), gefolgt von dem Leben der hl. Melania. Ostsyrisches Möndsleben nach Thomas v. Marga deutsch von Oskar Braun (Bibl. d. K. Bd. 22, 1915) hinter den Persischen Märtyrern. Für spätere Zeit H. Lietzmann, Byzantinische Legenden, 1911.

Klostervorsteher beiderlei Geschlechts werden mit den syrischen Titeln „Abba“ Vater und „Amma“ Mutter[159] genannt und nicht mit ägyptischen Namen bezeichnet. Und von diesen Titeln ist der des Abbas als des klösterlichen Oberhauptes wieder von Ägypten aus in alle Lande gewandelt und bis zum heutigen Tage überall in lebendigem Gebrauch. Aber diese eine Ausnahme schwächt die Geltung der Regel nicht.

Das Asketentum Palästinas wird von Hieronymus auf Hilarion aus Thabata bei Gaza zurückgeführt. Aber die Biographie, die der Kirchenvater zu Ehren dieses Heiligen geschrieben hat, ist derartig mit Fabeleien und romanhaften Motiven durchsetzt, daß man Mühe hat, einen geschichtlich brauchbaren Kern darin zu erkennen[160]. Hilarion ist Schüler des Antonius, siedelt sich dann bei Gaza an und sammelt mit der Zeit eine Eremitenkolonie um sich, wirkt auch als Wundertäter und Evangelist. Sozomenos[161] erzählt, daß die Familie seines Großvaters durch ihn zum Christentum gekommen sei: Unter Julian verließ er seine Stätte und begab sich auf Wanderungen, die ihn über Ägypten nach Sizilien, Dalmatien und schließlich nach Cypern führten, wo er 371 im Alter von etwa 80 Jahren starb[162]. Einige Mönchssiedlungen in der Umgebung von Gaza leiteten ihren Ursprung von ihm her[163].

Auch der Kirchenvater Epiphanius gehört zu diesen frühen Asketen Palästinas. Er stammte aus einem Dorf bei Eleutheropolis (Beth-Djibrin, südwestlich von Jerusalem), weilte lange bei den ägyptischen Mönchen und kehrte dann als Zwanzigjähriger in seine Heimat zurück, wo er seine Lebensweise fortsetzte, bis er 367 zum Bischof von Salamis auf Cypern gewählt wurde. In dieser Stellung hat er das Mönchtum auf der Insel gefördert[164].

---

[159] Amma vgl. Hist. Laus. 34 p. 99, 17 59 p. 153, 8 im Apparat.

[160] Sozomenos 3, 14. 26—28 und 5, 10, 1—4 fußt auf Hieronymus.

[161] Sozom. 5, 15, 14 f.

[162] Hieron. vita Hilar. 44; vgl. die Angabe c. 25: im Jahre 356 ist er 65 Jahre alt.

[163] Sozom. 5, 32, 5—8.

[164] Sozom. 5, 32, 3—5. Epiphan. Ancoratus praef. p. 1 Holl.

Als die wißbegierige Aetheria[165] um 390 Palästina bereist, findet sie Einsiedler am Berg Nebo und im Hauran und sonst noch gelegentlich an Orten von heiliger Tradition: in Jerusalem treten bei den Gottesdiensten die Mönche in Scharen auf. Es ist leicht begreiflich, daß gerade in Palästina die verehrten Stätten der biblischen Geschichte eine besondere Anziehungskraft für asketische Siedler besaßen[166], und wir dürfen vermuten, daß von hier aus auch der Berg Sinai, auf dem Gott mit Moses geredet hatte, durch das Mönchtum erobert worden ist. Als Aetheria ihn besucht, findet sie überall in den Höhen und Tälern des Gebirges Mönchsniederlassungen. Palladius kennt Mönche in der Nähe von Jericho und am Jordan[167]. Bei Jerusalem ist der Ölberg früh der Berg der Einsiedler geworden. Hier hat in den siebziger Jahren ein theologisch angeregter Kreis seine Wohnungen gehabt[168].

Um dieselbe Zeit, Ende 373 oder Frühling 374, kam eine unermeßlich reiche Dame der römischen Stadtaristokratie namens Melanius[169] nach Palästina, nachdem sie eine Pilgerreise durch die ägyptischen Klöster und Mönchssiedlungen gemacht hatte. Sie gründete in Jerusalem ein Frauenkloster für 60 Nonnen und leitete es 27 Jahre lang[170]: ihr geistlicher Berater war Rufinus, der damals noch eng mit Hieronymus befreundet war. Auch der junge Palladius, der später die Historia Lausiaca geschrieben hat, gehörte zu ihrem Kreise. Er weilte in den achtziger Jahren als angehender Asket auf dem Ölberg. Hieronymus hatte in Rom vornehmen Damen mit Erfolg die Vorzüge des asketi-

---

[165] s. Bd. 3, 308. Aeth. peregr. 10, 9 13, 1 3, 1 ff.

[166] Liste palästinensischer Klöster bei Cabrol Dict. 2, 3165 bis 3175.

[167] Hist. Laus. 48—51.

[168] Basil. epist. 258, 2 259; vgl. Athan. epist. ad Palladium t. 1 p. 957. Hist. mon. prol. 2.

[169] So heißt sie: die maskuline Form ist bei „Signa“ auch für Frauen gebräuchlich; vgl. E. Diehl, Rhein. Mus. 62 (1907), 415. Kubitschek, Pauly-Wissowa 2. Reihe 2, 2450. Dessau Inscr. lat. sel. 7806. 8030. 8143. 9442. Die Namen Melania oder Melanium sind Anpassungen an das Übliche, s. E. Schwartz ZNW 36 (1937) 165 Anm. 7.

[170] Hist. Laus. 46. 54 f.

schen Lebens gepredigt, und als er aus mehreren Gründen im August 385 die Hauptstadt verließ, um ins heilige Land zu gehn, folgte ihm die reich begüterte Witwe Paula mit ihrer Tochter Eustochium. Er begleitete beide Damen auf der traditionellen Ägyptenreise und kehrte mit ihnen im Sommer 386 nach Palästina, und zwar nach Bethlehem, zurück. Im Jahre 389 baute Paula dort drei Frauenklöster und ein Männerkloster, in dem Hieronymus bis zu seinem Tode (420) gewohnt hat. Daneben gab es noch mindestens ein zweites Männerkloster in Bethlehem, in dem der junge Cassian seine erste mönchische Ausbildung erhielt[171].

In dem benachbarten Syrien hat die Askese, und zwar besonders die Ablehnung der Ehe, schon früh Anklang gefunden: Justins Schüler, der Apologet Tatian, wird bereits im zweiten Jahrhundert als Förderer derartiger Bestrebungen genannt[172] und gilt der späteren Orthodoxie als Begründer der „Enkratiten". Die Stärke seines Einflusses kann man daran ermessen, daß seine Evangelienharmonie bis ins fünfte Jahrhundert hinein das amtliche Evangelienbuch der syrischen Kirche geblieben ist. Und in seiner Person zeigt sich auch schon das diese östliche Askese charakterisierende ungriechische Element der orientalischen Rasse, das mit seinem Fanatismus, seiner radikalen Einseitigkeit und seiner Neigung zu Maßlosigkeit und wunderlicher Übersteigerung sich deutlich von den bisher behandelten Formen abhebt. Die amtliche Kirche hat diese syrischen Eigentümlichkeiten vielfach abgewehrt und ihre Verfechter als Sektierer ausgeschlossen, aber nicht weniges hat sie doch in ihrem Schoß geduldet und im Laufe der Zeit mit steigender Zuneigung gepflegt.

Um 340 hat der aus Persien stammende Asket und Volksprediger Afrahat eine Anzahl Reden in syrischer Sprache gehalten, die uns sowohl von der Art des Christentums in der Gegend von Mosul einen Eindruck verschaffen[173], als auch die Stellung des dortigen Asketentums in ein deutliches Licht rücken. Ihm ist

---

171 Ed. Schwartz ZNW 38 (1939), 3.
172 Irenaeus 1, 28, 1 (1, 220 Harvey).
173 s. Bd. 2, 273 f.

das Christentum ein ständiger Kampf des Gläubigen mit dem Teufel, und dieser Kampf kann mit vollem Erfolg nur von dem Asketen geführt werden, dem Einsiedler, dem „Bundessohn", der dieser Welt abgesagt und vor allem auf die Ehe verzichtet hat: denn das Weib ist die Waffe des Satans[174]. Wer zu diesem Leben entschlossen ist, soll sich vor der Taufe noch einmal ernstlich prüfen, und wenn er Neigung zur Ehe verspürt, soll er vor der Taufe heiraten. Wer aber zur Taufe kommt, der stellt sich dadurch zum Kampf gegen den Satanas: die Taufe ist das Wasser der Prüfung, gleich dem Bach, an dem Gideon nach dem Richterbuch 7, 4—7 die rechten Streiter von den Schwächlingen schied. Darum sollen die Priester „nach der Taufe zusehn, welche die Starken und welche die Schwachen sind. Die Starken sollen sie ermutigen, und die Weichen und Schwachen wiederum sollen sie offen vom Kampf zurückweisen, damit sie nicht, wenn der Krieg über sie kommt, ihre Waffen verstecken, die Flucht ergreifen und versagen"[175].

Damit ist eindeutig zum Ausdruck gebracht, daß der durch die Taufe gesiegelte Vollchrist Asket sein soll, und daß ein Beharren im bürgerlichen Leben und in der Ehe als Schwäche, eine Rückkehr aus dem Einsiedlerleben in die Weltförmigkeit als Fahnenflucht gewertet wird. Zugleich aber ist aus den Worten des Predigers ersichtlich, daß die radikale Forderung der Ehelosigkeit und des Einsiedlertums für alle Getauften nicht mehr durchführbar ist und er sich mit der „Schwäche" der Gemeindechristen abfinden muß: Aber er wahrt den Grundsatz, der in diesem Winkel des Orients in der Luft lag und von marcionitischen und gnostischen Sekten dort noch lange festgehalten wurde; er hat auch der manichäischen Ethik ihre Farbe gegeben.

Um die Zeit des nicaenischen Konzils wirkte in der Gegend von Edessa (Urfa) ein Diakon namens Audi von vorbildlichem Wandel als Kritiker der Kirche und ihres Klerus. Man empfand ihn als unbequem und versuchte ihn loszuwerden; lange Zeit vergeblich. Endlich brachte man ihn durch Mißhandlungen dazu,

---

[174] Afrahat hom. 6, 4. 6. 7 p. 260 ff.
[175] Afrahat hom. 7, 21 p. 348.

sich von der Kirche zu trennen. Aber seine zahlreichen Anhänger schieden mit ihm aus und bildeten eigene Gemeinden, die in den Wüsten oder den Vororten der Städte in klösterlichen Anlagen hausten und durch Handarbeit ihren Lebensunterhalt gewannen. Wir wissen zu wenig von ihnen, um sie in die Geschichte der Askese richtig einzuordnen; nur soviel ist klar, daß sie altchristliche Strenge und Weltabgeschiedenheit gegenüber der sich wandelnden Kirche aufrechterhielten. Ihr Führer Audi wurde zum Bischof geweiht, und mit der Zeit bildeten sie eine vom Taurus und der antiochenischen Wüste über Palästina und Arabien nach Mesopotamien reichende Organisation unter mehreren Bischöfen aus. Als die gekränkte Kirche beim Kaiser die Verbannung des Audi nach „Skythien" durchsetzte, kam mit ihm die werbende Kraft der christlichen Askese zu den Goten und hat dort beträchtliche Erfolge gehabt. Während die Verfolgung des Athanarich (372) sind viele Anhänger der gotischen Audianergemeinden auf römisches Gebiet übergetreten[176].

Im Gegensatz zu diesen doch wenigstens durch das lockere Band der Arbeit und des Verkehrs mit der Welt zusammenhängenden Formen der Askese steht ein Radikalismus, der uns schon um 300 auf syrischem Boden erkennbar und um diese Zeit von einem eigenartigen Denker systematisch begründet wird[177]. Hier heißt die Losung: voller Bruch mit der Welt durch Verzicht auf jede, aber wirklich auch jede irdische Arbeit und Tätigkeit — im Vertrauen auf Gottes Hilfe, der den hungernden und frierenden „Vollkommenen" durch die Barmherzigkeit guter Menschen das Nötigste geben wird. Diese Bewegung kommt zu geschichtlich greifbarer Bedeutung um 370: man nannte ihre Anhänger mit einem syrischen Wort Messalianer[178], d. h. die „Beter". Denn sie haben die Welt und all das Ihrige verlassen, um ganz dem Gebet zu leben: so ausschließlich, daß sie auch die fromme Übung des Fastens verachten. Darum arbeiten sie auch nicht, sondern betteln zusammen, was sie zum Leben brauchen, sind also in

---

[176] Epiphan. haer. 70, 1, 1—5 14, 5—15, 5; p. 232 weitere Quellen.

[177] S. u. S. 174 ff.

[178] Epiphan. haer. 80, 3, 2 ff. p. 487 f.; vgl. p. 485 Anm.

dieser Hinsicht auf die Kulturwelt angewiesen und gehen nicht in die Wüste. Aber sie sind heimatlos, und man kann sie allnächtlich auf den Straßen der Städte schlafen sehn, Männer und Weiber durcheinander: sie haben wirklich nicht, wohin sie ihr Haupt legen können. Sie leben in der Welt des erhöhten Herrn und sind seines Geistes voll, wissen sich als Pneumatiker im Sinne der Urgemeinde. Von Mesopotamien aus ist diese Bewegung in das Küstengebiet von Antiochia vorgedrungen, hat sich dann nach Kleinasien gezogen, wo sie auf verwandte Stimmungen stieß. Amphilochius, der Bischof von Ikonium, führte hier den schon von Basilius begonnenen[179] Kampf gegen das radikale Asketentum weiter und brandmarkte auf einer Synode zu Side[180] (am Golf von Adalia) das Treiben der Messalianer als Ketzerei: ihm schloß sich Flavian von Antiochia an.

Kurz zuvor, in den Jahren 381—383, waren kaiserliche Gesetze[181] gegen die von Basilius verfolgten Sekten erschienen und hatten die „Enthaltsamen, Weltentsagenden, Sackträger, die auch beim Abendmahl den Wein verbieten", mit den Manichäern zusammengestellt und untersagt. Amphilochius wünschte durch seine Aktion auch die Messalianer aus der Kirchengemeinschaft hinauszutreiben und sie mit dem staatsgefährlichen Makel der Ketzerei zu behaften, um die Gemeinden von diesem bedenklichen Pneumatikertum freihalten zu können, und das war, wie wir bald sehen werden, auch in Kleinasien schwierig. In Syrien war es völlig unmöglich, denn hier war der Boden so fruchtbar an wunderlichen Heiligen, daß die Kirche kapitulierte und mit ihnen ihren Frieden machte.

Theodoret, Bischof von Kyrrhos (im Sandschak) hat gegen 440 ein Buch über die Asketen Nordsyriens geschrieben und erzählt darin voll ehrfürchtiger Scheu von Einsiedlern, die sich mit Ketten beladen, eiserne Gürtel und Halseisen tragen, in Zisternen wohnen oder ihre Bewegungsfreiheit beschränken, indem sie nur einen spannbreiten Weg zur Kirche gehn oder gar sich einmauern

179 Basil. epist. 188. 198.
180 Akten bei Photius Bibl. cod. 52.
181 Cod. Theod. 16, 5, 7. 9. 10. 11. Dazu K. Holl, Amphilochius v. Ikonium S. 36 f.

lassen. Um die Zellen der Meister siedeln sich die Schüler an, und es entstehen Einsiedlerkolonien, aber auch das klösterliche Leben macht gewaltige Fortschritte, und nicht selten scheiden sich Klöster gleichen Ursprungs nach den Sprachen der Syrer und der Griechen. Es ist aus Theodorets Schilderungen deutlich, daß schon Ende des vierten Jahrhunderts ein reich entwickeltes Klosterleben Syrien durchpulst[182]. Hieronymus ist um 375 bei den Asketen der Wüste von Aleppo in die Schule gegangen, und welche Rolle die Einsiedler der Berge um Antiochia im Jahre 387 spielten, haben wir an anderer Stelle[183] gesehn.

Das fünfte Jahrhundert hat trotz der wachsenden Ausbreitung des Klosterwesens dem Einsiedlertum keinen Abbruch getan, sondern seine Wunderlichkeiten eher noch gesteigert. Immer größer werden die Eisenmengen, mit denen die sonderbaren Heiligen sich belasten, so daß sie nur gebückt gehen können. Baradatos, der sich erst eingemauert hatte, nahm später seine Wohnung in einer für Sonne und Regen gleichmäßig durchlässigen Lattenkiste, die für seinen Körper zu klein war und ihn zu gebückter Haltung zwang. Ihn übertraf aber noch Thalelaios, der sich in eine aus Latten und zwei Rädern gebildete Walze mit hochgezogenen Knien hineinsteckte — er muß darin gesessen haben wie ein gefangenes Eichhörnchen in seinem Spielrad — und den ganzen Apparat an einem galgenähnlichen Gestell frei aufhängte: Andere stellten sich auf Bergesgipfeln auf, wo sie allen Unbilden der Witterung preisgegeben waren, gelegentlich war ihr Standort auch durch Ummauerung gegen unerwünschte Besucher geschützt[184]. Johannes ließ einen Mandelbaum abhauen, weil der ihm Schatten spendete.

Die ganze Skala asketischer Steigerungen zeigt uns Symeon der Stylit. Er stammte aus wohlhabender Bauernfamilie. Als etwa Zwanzigjähriger trug er schon einen Strick um den Leib, der ihm die Haut blutig scheuerte, ließ sich zwei Jahre lang ein-

---

[182] Theodoret hist. relig.: Eisen cap. 4. 10. 11. 15. Cisterne 13. Schmaler Weg 4. Einmauern 18. 19. Griech. u. syr. Klöster 4. 5.

[183] s. S. 110.

[184] Theodoret hist. rel.: Eisen 21. 23. 29, Baradatos 27, Thalelaios 28. Berggipfel: 21. 22. 23. 29.

graben und entzog sich durch andauerndes Stehen den Schlaf. Im Februar 412 verließ er das Kloster, in dessen Gemeinschaft er bisher gelebt hatte, und zog in das Bergdorf Telneschin zwischen Antiochia und Aleppo. Dort wohnte er in einer Zelle, ließ sich aber während der 40 Tage der Fastenzeit einmauern, eine Übung, die er noch zweimal wiederholt hat. Dann stieg er auf den benachbarten Berg und lebte innerhalb eines Mauerrings unter freiem Himmel, anfangs noch durch eine Eisenkette an den Ort gefesselt. Aber bald stieg er auf einen 1 m hohen Steinblock, der ihm noch nicht 2 qm Raum zur Bewegung bot. Fünf Jahre weilte er auf diesem Postament, dann ließ er immer höhere Steine und bald richtige Säulen aufrichten, bis er schließlich das Ziel seiner Wünsche auf einer 20 m hohen Säule erreichte, die 30 Jahre lang bis zu seinem am 2. September 459 erfolgten Tode sein Standort blieb. Auf der Plattform des Kapitells, die höchstens 4 qm Raum hat, lebte er in beständigem Gebet, das von rhythmischem Niederfallen auf Knie und Stirn begleitet war. Theodoret hat diese Gebetsübung mit Staunen angesehn und 1244 Verbeugungen gezählt, aber dann das Zählen aufgegeben[185].

Bei diesen „Säulenheiligen“ haben wir den Gipfel der „Ortsaskese“, wie die ganze Entwicklung deutlich zeigt, nicht etwa Nachahmung syrisch-heidnischer Gebräuche — was früher zuweilen vermutet worden ist. Und diese Absonderlichkeit hat Anklang gefunden und ist als Zierde des östlichen Einsiedlertums betrachtet worden[186]. Um die Säule Symeons hat man ein Menschenalter nach seinem Tode eine gewaltige Kirchen- und Klosteranlage gebaut, die zu den herrlichsten Denkmälern spätantiker Architektur zählt[187]: die Kirche war stolz auf diesen heiligen Mann.

Symeon verkörpert das syrische Ideal des Einsiedlers in höchster Übersteigerung. Sein Gegenstück auf dem Gebiet des

---

[185] Lietzmann, Das Leben d. hl. Symeon Stylites (Texte u. Untersuch. 32, 4; 1908) S. 238—245.

[186] H. Delehaye, Les Saints Stylites 1923.

[187] Cabrol Dict. 1, 2380 ff., wo weitere Angaben. D. Krencker, Die Wallfahrtskirche des Simeon Stylites. Preuß. Akad. Abh. 1938 Nr. 4.

Klosterlebens ist Alexander, der Stifter der Akoimeten[188], d.h. der Nimmermüden. Er stammte aus einer vornehmen Familie der Prinzeninseln, erhielt eine gute griechische Bildung in der Hauptstadt, ging aber früh in ein syrisches Kloster, dessen Ruf ihn angezogen hatte. Aber das Mönchsleben genügte seinem Drängen auf vollständige und wörtliche Erfüllung der evangelischen Forderungen nicht, und die Ausrede, niemand könne das leisten, ließ er nicht gelten. Er verläßt das Kloster und lebt nun in der Wüstengegend am Euphrat als typisch syrischer Einsiedler. Tagsüber steht er auf einem Berg und kriecht des Nachts in ein tönernes Faß, das im Boden steckt. So lebt er 20 Jahre, und um ihn sammeln sich in klösterlicher Gemeinschaft Römer und Griechen, Syrer und Ägypter als gehorsame Schüler, an die vierhundert. Er teilt sie in Chöre zum Psalmodieren, führt die 7 kanonischen Stunden[189] ein, verdoppelt sie bald und kommt in unablässigem Streben nach biblischer Vervollkommnung der Liturgie auf den Gedanken, das ununterbrochene Gotteslob der Engel hier auf Erden nachzubilden. Seine Mönche sollen jeden Tag siebenzig mal siebenmal das Gloria singen und dazu die Knie beugen: also innerhalb 24 Stunden 490mal, das bedeutet rund 20 Gloria in der Stunde. So tönt in seinem Kloster alle drei Minuten das Lied der Engel „Ehre sei Gott in der Höhe und Friede auf Erden und den Menschen ein Wohlgefallen" — unablässig Tag und Nacht. Die Chöre der singenden Mönche wechseln sich ab, das Lied bleibt, immer dasselbe, pausenlos, alle drei Minuten neu anhebend — durch die Jahrhunderte.

Alexander wurde nun vom asketischen Wandertrieb gepackt. Mit einer ausgewählten Schar seiner Getreuen zieht er durch die Wüste, an den Kastellen des persischen Limes[190] entlang, berührt Palmyra, das vor den singenden Mönchen die Tore verschließt, und kommt um 420 nach Antiochia, wo der Empfang auch nicht freundlich ist. Er setzt sich mit seinen Leuten in einer alten Thermenanlage fest und greift helfend und kritisierend in das öffent-

[188] Vie d'Alexandre l'Acémète ed. Stoop in Patrol. orientalis, Tome 6 fasc. 5 (1911).

[189] s. Bd. 3, 306.

[190] s. Bd. 3, 14.

liche Leben der Stadt ein, solange bis die Militärbehörde ihn ausweist. Schließlich gelangt er unter mancherlei Erlebnissen nach Konstantinopel[191], wo er bald dreihundert Mönche aus anderen Klöstern an sich zieht und seine lobsingenden Chöre einrichtet. Aber auch hier erregt er Anstoß: er wird der Ketzerei beschuldigt — die Verwandtschaft mit den Messalianern war wirklich nicht zu verkennen — und schließlich mit den Seinen unter Mißhandlungen vertrieben. Im Kloster des Hypatius jenseits des Bosporus[192] finden sie Zuflucht, bis die Kaiserin zu ihrem Schutz eingreift und sie am asiatischen Ufer des Bosporus ein Kloster einrichten können. Aber mit der Zeit hat sich auch in der Hauptstadt das Seltsame durchgesetzt, und das Akoimetenkloster spielt eine bedeutende Rolle in der byzantinischen Geschichte.

Daß auch im inneren Kleinasien allerlei radikal asketische Strömungen vorhanden waren, ist uns bereits bekannt geworden[193]. Als der Führer einer solchen Bewegung in Kleinarmenien, Pontus und Paphlagonien wird uns Eustathius genannt, der später (356?) Bischof von Sebastia (Siwas) geworden ist. Seine Anhänger wirkten leidenschaftlich für völlige Weltverneinung und erklärten jeden Verheirateten und jeden Wohlhabenden der ewigen Seligkeit für verlustig. Von der verweltlichten Kirche hielten sie sich fern, verachteten ihre Gebräuche und feierten ihre eigenen Gottesdienste mit dem Recht der Pneumatiker. Durch eine besondere Tracht unterschieden sie sich von den Weltleuten und Kirchenmännern, und manche Frauen legten das Männergewand an und schnitten die Haare kurz, weil es im Reich Gottes keinen Unterschied der Geschlechter gibt. Die Kirche wehrte sich auf einer im Anfang der vierziger Jahre (343?) im paphlagonischen Gangra (Kiangri)[194] abgehaltenen Synode, anscheinend ohne wirklichen Erfolg. Die achtunggebietende Persönlichkeit

---

[191] Für diese Zeit ist Quelle Callinici vita S. Hypatii ed. Bonn. p. 82—84.

[192] s. S. 167.

[193] s. o. S. 160.

[194] Ihr Schreiben nebst den Kanones (Lauchert S. 79—83, Turner Monum. 2, 164—214) sind unsere Quelle. Dazu Sozom. 3, 14, 31—36 4, 24, 9 = Socr. 2, 43, 3—7.

des Eustathius blieb unangetastet und hat noch auf den jungen Basilius mächtigen Einfluß geübt[195].

Dieser ist der große Organisator und Lehrer des Mönchtums für Kleinasien und im Laufe der Zeit für die ganze griechische Kirche geworden. Nach Vollendung seiner Studien in Athen bereiste er Ägypten, Palästina, Syrien und Mesopotamien, um das Mönchsleben an der Quelle zu studieren[196], und schuf sich gegen 360 in der Nähe seines Familiengutes Annesoi, wo seine Mutter und Schwester schon eine Klostergemeinschaft ihrer weiblichen Hausgenossen eingerichtet hatten, ein Männerkloster[197], das von gleichgesinnten Freunden, darunter vor allem Gregor von Nazianz, bewohnt wurde. Für diese Gemeinschaft entwarf er eine Lebensordnung[198], die vom Psychologischen ausgehend das innere und das darauf abzustimmende äußere Leben regelte, und ließ seitdem nicht ab, die Probleme des Mönchtums nach jeder Richtung hin geistig zu durchleuchten. Wir werden auf dieses klassische Schrifttum des großen Kirchenlehrers noch zurückkommen. Seine mit elementarer Kraft zur Tat drängende Persönlichkeit hat sich für die Ausbreitung der im Süden durchgedrungenen Klosterorganisation eingesetzt, ihr aber auch gleichzeitig seinen eigenen geistigen Stempel aufgedrückt.

Die Eustathianische Bewegung hatte in Kleinarmenien, Kappadokien und dem Pontus wohl zu Gemeinschaftsbildungen in Städten und Dörfern geführt, auch kleine Einsiedeleien von zwei oder drei Genossen ins Leben gerufen, aber weder ein eigentliches Anachoretenleben noch Klöster in größerer Zahl geschaffen[199]. Basilius baute seinen Freundeskreis im Pontus und später auch eine Mönchsgemeinschaft in Cäsarea nach ägyptischem Muster zum Kloster aus und bereiste den Pontus, um für diesen

---

195 Basil. epist. 223, 3. 5; vgl. 99, 3 212, 2.

196 Basil. epist. 223, 2.

197 Greg. Nyss. vita Macrinae Migne gr. 46, 965 b/c Basil. epist. 3, 2. 223, 5 Greg Naz. epist. 6. or. 43, 61; vgl. Tillemont 9, 31. 43 ff.

198 Basil. epist. 2 vgl. epist. 22.

199 Sozomenos 6, 34, 7 Cassian Coll. 18, 7, 8 vgl. die „Bruderschaften“ des Eustathius bei Basil. epist. 223, 5.

Gedanken zu wirken[200]. Als ein Dokument des heftigen Widerstandes, der ihm dabei begegnete und der sich auf die Abneigung gegen alle Neuerungen stützte, ist uns sein Brief (n. 207) an die Gemeinde von Neocäsarea (Niksar) erhalten.

Auch die Hauptstadt des Ostreiches hatte lange Zeit vom Klosterleben nichts wissen wollen, trotz aller gegenteiligen Behauptungen der Legende. Noch im Todesjahr des Valens (378) war in Konstantinopel „auch nicht die Spur von einem Mönch" vorhanden[201], und erst ein berühmt gewordener Asket aus der syrischen Wüste namens Isaak, der sich auf Bitten zweier Hofleute dort halten läßt, siedelt sich 381 in einem Vorort außerhalb der Stadtmauer[202] an. Aus seiner Zelle wird bald eine Mönchssiedlung, in die 383 ein Gardeoffizier Dalmatius eintritt. Dieser scheint der Organisator des Klosters gewesen zu sein und wurde nach dem Tode Isaaks sein Nachfolger. Das Kloster trägt fortab seinen Namen. Nach seinem Beispiel und anscheinend auch unter seiner Oberleitung entstanden in der Folgezeit auch andere Klöster in Konstantinopel selbst[203].

Das zweite namhafte Kloster bei der Hauptstadt gründete der Reichskanzler Rufin drei Meilen östlich von Chalkedon (Kadiköj) bei der von ihm erbauten prächtigen Apostelkirche. Er ließ sich für diese seine Stiftung ägyptische Mönche kommen, aber als er gestorben und in der Apostelkirche beigesetzt war (395), kehrten die Ägypter in ihre Heimat zurück und das Kloster verödete. Da ist dann der aus Phrygien gebürtige Hypatius mit seinen Genossen hineingezogen, nachdem er bisher in einem vom hl. Jonas geleiteten Klosterkastell des thrakischen Vorlandes der Hauptstadt gewohnt hatte. Diese Besiedelung war von Dauer und sein Leiter genoß bald hohes Ansehn in kirchlichen und weltlichen Kreisen der Hauptstadt[204].

---

[200] Rufin KG 11, 9 p. 1015, 4 Schwartz. Sozomenos 6, 17, 4.

[201] Vita S. Isaaci Acta Sanctorum Mai 7 p. 250e = 257a.

[202] In Psamathia: darüber A. M. Schneider, Byzanz (1936) S. 85 und 3, seine Karte B 8/9. Quellen über das Kloster in Callinici Vita S. Hypatii ed. Bonn p. XIII ff.

[203] Callinici vita S. Hypatii p. 23, 17—20 vgl. p. 39, 11. 15.

[204] S. Anm. 203 und die Zeugnisse in Callinici vita S. Hypatii p. XI ff.

Durch ihn wurde denn auch, wie bereits erzählt[205], der Wandermönch Alexander vor dem Haß seiner Gegner geschützt und ihm die Gründung des Akoimetenklosters „an einem einsamen Ort" 15 Meilen von Kadiköj ermöglicht. Der Ort hieß Gomon und lag an der Einmündung des Bosporus ins Schwarze Meer[206]. Alexanders Nachfolger Johannes verlegte in den dreißiger Jahren des fünften Jahrhunderts den Wohnsitz seiner Gemeinschaft um die Hälfte näher an Skutari heran, nach Irenaion (Tschibukle), und errichtete dort mit Hilfe eines reichen Spenders ein neues Akoimetenkloster, eben das, welches in der Folgezeit der Ausgangspunkt mancher kirchlich bedeutsamen Aktion geworden ist[207]. Abt Marcellus ist schon als anerkannte Autorität im Kirchenkampf der vierziger Jahre tätig. Und unter ihm wird 463 das Akoimetenkloster des Studios in der Hauptstadt gegründet.

Im Abendland hat es asketische Lebensführung in stiller Zurückgezogenheit von früh an gegeben, und auch die Pflege dieses Ideals im Kreise Gleichgesinnter fehlt nicht. Um Hieronymus und Rufin sammelt sich im Jahre 374 zu Aquileia eine Gruppe von frommen Klerikern[208], und Augustin ist nach seiner Taufe (387) gleichfalls der Mittelpunkt eines Kreises von asketiden Schülern. Die Familie der älteren Melanius bekehrt sich unter der Einwirkung ihrer gleichnamigen Enkelin zum Leben der Entsagung[209], und in Rom sehen wir zwischen 382 und 385 den hl. Hieronymus seine asketischen Lehren den schon seit Jahrzehnten dafür empfänglichen vornehmen Damen des Kreises der Marcella predigen[210]. Der Konsular von Campanien Anicius Paulinus zog sich 394 mit seiner Gattin Therasia von der großen Welt zurück und führte zu Nola ein asketisches Leben[211].

---

205 s. S. 164.

206 Callinici vita S. Hypatii p. 84, 25—31 vita S. Alexandri p. 700, 13 und vita S. Marcelli 4 bei Migne gr. 116, 709.

207 vita S. Marcelli 6—7. Migne gr. 116, 712. Vgl. I. Pargoire, Les débuts du monachisme à Constantinople (1899) p. 73.

208 Hieron. Chron. Ol. 288, 2 p. 247 f. Helm.

209 Hist. Laus. 54. 61.

210 s. o. S. 157.

211 Rauschen, Jahrbücher S. 547 ff.

Aber zum vollen Weltverzicht im Sinne der Orientalen hat man sich im Westen nur schwer und zögernd entschlossen.

Da erscheint als Bahnbrecher der hl. Martin, aus Stein am Anger in Ungarn gebürtig und in Pavia aufgewachsen, der nach kurzer militärischer Laufbahn unter Julian seinen Abschied nahm und Einsiedler wurde. Nach unstätem Wandern wurde er in der Nähe des Hilarius von Poitiers seßhaft, bis man ihn 372 zum Bischof von Tours wählte. Er führte dies Amt ohne auf seine Lebensform zu verzichten und baute sich zwei Meilen vor der Stadt eine Zelle, die bald von den Hütten und Höhlen seiner Jünger umringt wurde, so daß diese Klostergemeinschaft etwa 80 Mitglieder umfaßte: sie war die Keimzelle des später so berühmten Klosters Marmoutier. Es ist für die Stimmung der Zeit bezeichnend, daß sich unter diesen Mönchen zahlreiche Mitglieder der vornehmen Gesellschaft befanden: die Kirche hat sich später aus dieser Gruppe Bischöfe geholt[212]. Aber fürerst begegnete dies Mönchswesen allgemeinem Mißtrauen, und die Wahl des Martinus zum Bischof stieß auf kräftige Gegnerschaft in den Kreisen des Episkopats, dessen Lebensanschauungen die mönchische Ärmlichkeit als unwürdige Erniedrigung erscheinen mußte. Die Abneigung dieser Kreise hat den Heiligen durch seine ganze Amtszeit begleitet, und seine Haltung gegenüber der blutigen Priszillianistenverfolgung hat die Stimmung nicht verbessert[213]. Am 10. November 400 ist er gestorben, im Volk als großer Wundertäter verehrt und als solcher von Sulpicius Severus in einer viel gelesenen Biographie gefeiert. Und daß sein tapferes Draufgängertum die Ausrottung heidnischen Kultes und die Christianisierung des Landes kräftig gefördert hat, werden wir seinem Lobredner wohl glauben dürfen.

In dieser Zeit beginnt auch die von dem antiochenischen Bischof Euagrius um 380 übersetzte Antoniusschrift des Athanasius im Abendland zu wirken. Vor den Mauern von Trier hausten Mönche, die das Buch besaßen und es ernsthaften Besuchern zu lesen gaben. Und es wirkte bekehrend auf die Welt-

---

[212] Sulp. Sev. vita Martini 10.

[213] Vgl. S. 66 und vita Mart. 27.

leute: auch Augustin ist durch die Erzählungen von dem großen Weltverächter innerlich gepackt worden. Auch vor den Toren von Mailand hatten fromme Brüder unter dem Schutz des Ambrosius ein Kloster eingerichtet[214]. In Marseille gründete 404 Johannes Cassianus nach orientalischen Vorbildern, die er in Bethlehem und in Ägypten mehr als sieben Jahre lang studiert hatte, ein Männerkloster und ein anderes für Frauen[215].

Der hl. Martinus hatte während seiner Wanderjahre auch einmal für kurze Zeit die kleine „Hühnerinsel" gegenüber Albenga an der Riviera di ponente zur Stätte seiner mönchischen Einsamkeit erwählt. Von längerer Dauer und größerer Wirkung war der Aufenthalt des hl. Honoratus auf der Insel Lerinum bei Cannes: das von ihm zu Anfang des 5. Jahrhunderts dort begründete Kloster[216] ist bald mächtig aufgeblüht und in Gallien zu großem Ansehn gekommen. Auf die Nachbarinsel Lero siedelte der hl. Eucherius über und hauste dort, bis er (c. 435) Bischof von Lyon wurde. Der Bischof Castor des in der Vaucluse gelegenen Apt hatte sich an seinem Sitz ein Kloster eingerichtet und bat den Cassian um eine Darstellung der klösterlichen Einrichtungen und asketischen Grundsätze des palästinensischen und ägyptischen Mönchtums, die den gallischen Klöstern als Muster dienen sollte. Dieser Aufforderung verdanken wir das kurz vor 430 entstandene Doppelwerk Cassians: seine Institutiones und Collationes, von denen einige Bücher „den auf den Stoechadischen Inseln (Iles d'Hyères) wohnenden Brüdern" gewidmet sind[217]. Übrigens waren damals die vor den Küsten liegenden Inselchen auch anderwärts beliebte Zufluchtsstätten für Mönche geworden, so daß Hieronymus um 400 von der frommen Fabiola rühmen kann, sie habe mit ihren Wohltaten die Inseln, das Tyrrhenische Meer, das Volskerland und die verborgenen Winkel des zerklüfteten Gestades, in denen die Chöre der Mönche hausen, persönlich oder durch vertraute Boten heimgesucht[218]. Auf

[214] Augustin conf. 8, 6, 15 vgl. 8, 12, 29.
[215] Gennadius vir. inl. 61. E. Schwartz ZNW 38 (1939), 8.
[216] Hilar. Arelat. vita S. Honorati Migne lat. 50, 1249 b.
[217] Cassian Coll. 11 praef. p. 312, 9.
[218] Hieron. epist. 77, 6.

der Insel Capraia nahe der Nordspitze von Corsica wird im Jahre 398 eine Mönchskolonie begründet, die schon 18 Jahre später dem ganzen Eiland ihren Stempel aufgedrückt hat[219].

In Spanien war die asketische Bewegung durch Priscillian und seine Freunde weithin verbreitet worden, zugleich aber auch auf den kräftigsten Widerstand des verweltlichten Episkopats gestoßen, der seinen blutigen Sieg über die Häupter dieser Strömung zu erringen und allen mit ihr verwandten Neigungen das Brandmal der Ketzerei aufzudrücken wußte.

In Afrika war jedes charismatische Abbiegen vom gemeinkirchlichen Wege des Donatismus verdächtig, und erst Augustins Autorität konnte Wandel schaffen. Zunächst sammelte er seine Mailänder Freunde auch nach seiner Rückkehr in die Heimatstadt Tagaste wieder als häusliche asketische Gemeinschaft um sich, und als er in Hippo zum Presbyter geweiht wurde, richtete er für die „Knechte Gottes", wie er sie mit Vorliebe nannte, „ein Kloster innerhalb der Kirche", also nicht mehr bloß wie in Tagaste eine private Asketengruppe, ein. Die Schüler Augustins wurden bald begehrte Kleriker und gern auf Bischofssitze erhoben: aber sie blieben Mönche und gründeten in ihren neuen Wirkungsbereichen Klöster[220]. Auch Frauenklöster entstanden durch augustinische Anregung, in Hippo befand sich eines unter der Leitung von Augustins Schwester[221]. Als es nach ihrem Tode dort Unordnung gab, schrieb Augustin den Nonnen die berühmte Epistula 211, in der allgemeine Grundsätze des klösterlichen Lebens zum Ausdruck gebracht werden, und die man deshalb später durch stilistische Änderungen zur „Regel des hl. Augustinus" umgestaltet hat. Das ist nicht wider die Meinung des Kirchenvaters, denn er wünscht ja selbst, daß den Nonnen dieser Brief als ein Spiegel zur Selbstprüfung dienen und ihnen darum allwöchentlich vorgelesen werden möge. Um 400 waren in Carthago schon mehrere Klöster, und auch hier gab es Gegensätze und Streit über die Notwendigkeit der Handarbeit:

---

[219] Orosius hist. 7, 36, 5. Rutil. Namat. de red. I, 439 f.

[220] Possidius vita Aug. 3. 5. 11. Stoffsammlung bei Cabrol Dict. 11, 1849—1858.

[221] Possid. vita Aug. 26.

Augustin hat ihnen auf Bitten ihres Bischofs Aurelius das Buch von der Mönchsarbeit gewidmet[222]. Er ist in voller Wirklichkeit der Gründer und Organisator des afrikanischen Mönchtums gewesen.

In Italien hat, soweit wir sehen können, das strenge, klösterlich geschlossene Mönchswesen erst seit dem Beginn des 5. Jahrhunderts Raum gewonnen: das von Ambrosius begünstigte Kloster vor den Toren Mailands, von dem schon die Rede gewesen ist[223], erscheint als erster Vorläufer der ganzen Bewegung. Ob das „Pinetum", in dem Rufin um 400 in stiller Muße arbeitete, dem ägyptischen Typ entsprach, muß dahingestellt bleiben[224]. Aber die von Rufin geschaffene lateinische Gestalt der Mönchsgeschichte, seine Übersetzung der Basiliusregeln, die Pachomiusschriften des Hieronymus, die Werke Cassians, und am stärksten immer wieder die lateinische Antoniusvita des Euagrius haben auch in Italien ihre Wirkung getan. Seit 400 sind die echten Klöster auf italienischem Boden in langsamer Zunahme begriffen. Für Rom hat unseres Wissens Xystus I. (432—440) das erste Kloster bei San Sebastiano „ad Catacumbas" begründet und Leo I. (440—461) ist ihm mit einer Klostergründung bei St. Peter gefolgt[225]. Für die anderen Städte mehren sich nun die, freilich nicht immer zuverlässigen, Nachrichten[226], und im Laufe des 5. Jahrhunderts ist das Mönchtum auch in Italien heimisch geworden.

Als in den Tagen des Papstes Damasus (366—384) die Werbung für das orientalische Asketentum kräftig einsetzte, machte sich der Widerspruch gegen die Neuerung unter anderem auch in literarischer Form vernehmlich. Ein uns sonst nicht weiter bekannter Helvidius schrieb einen Traktat, in dem er behauptete, die Jungfrau Maria habe nach der Geburt Jesu mit Joseph als sein Eheweib gelebt und ihm die im Evangelium als Jesu Brüder und Schwestern bezeichneten Kinder geboren. „Und warum auch nicht? Sind etwa Jungfrauen etwas Besseres als Abraham, Isaak

---

222 Aug. de opere monachorum und dazu retractat. 2, 47.
223 s. o. S. 168 f.
224 Rufin de bened. patr. lib. 2 praef. p. 22 Vallarsi.
225 Lib. pontif. 46, 7 47, 7.
226 Übersicht bei Cabrol Dict. 2, 3179—3192, vgl. 11, 1873.

und Jakob, die verheiratet waren?" Das war ein Angriff auf das mönchische Marienideal und die unbedingte Überbewertung der Ehelosigkeit, die dem ganzen Asketentum zugrunde lag: Hieronymus hat denn auch mit ätzender Schärfe und unter Berufung auf Paulus den kühnen Schreiber zurückgewiesen und die Zustimmung des Damasus dafür geerntet[227].

Bald aber trat ein stärkerer Gegner auf den Plan. Ein Mönch namens Jovinian erregte in Rom dadurch Aufsehen, daß er mit einem Male seine orientalische Strenge aufgab und zu den normalen Formen der abendländischen Askese zurückkehrte, die sich nicht schroff von dem Verkehr mit der Welt abschloß[228]. Ja, er warnte sogar vor dem Irrglauben, daß Ehelosigkeit ein besonderes Verdienst vor Gott begründete und beredete Männer und Frauen, die bis dahin mönchisch gelebt hatten, zur Ehe[229]. Seine Lehre begründete er in einer Schrift, die in der römischen Gesellschaft fleißig gelesen wurde. Darin hieß es, daß alle Getauften, ob sie nun jungfräulich oder im Wittum oder in der Ehe lebten, gleichen Verdienstes seien, wofern nur ihre übrigen Werke die gleichen blieben. Die Abwehrkraft gegen die Versuchungen des Teufels verleihe — nicht Askese, sondern — die im echten Glauben empfangene Taufe, d. h. die Geburt aus Gott, die nach 1. Joh. 3, 9 und 5, 18 vor Sünden bewahre. So sei es denn auch nach 1. Tim. 4, 4 kein Unterschied, ob man sich der Speisen enthalte oder sie mit Dank genieße, denn vor Gott gebe es keine Abstufungen der Verdienstlichkeit, sondern allen Getauften sei ein und derselbe Lohn im Himmelreich verheißen, wie das Gleichnis von den Arbeitern im Weinberg (Matth. 20, 1—16) klärlich beweise[230].

Dieser Angriff traf vom Evangelium ausgehend das egoistische Motiv der Askese mit volle Schärfe und erregte dementsprechend ungeheure Empörung in mönchisch gestimmten Kreisen, die sich klagend an Bischof Siricius wenden. Auf einem Konvent des ge-

---

[227] Hieron. adv. Helvidium und epist. 49, 18, 2.

[228] Hieron. adv. Jovinianum 1, 40 2, 21.

[229] Augustin de pecc. mer. et rem. 3, 13, 7, retract. 2, 22. Vgl. Hieron. adv. Jov. 2, 36.

[230] Hieron. adv. Jov. 1, 3 vgl. 2, 1. 20.

samten römischen Klerus wird gegen die „abscheuliche Schrift" Stellung genommen und die Urheber dieser „neuen Ketzerei", Jovinian und acht seiner Anhänger, auf ewig verdammt und aus der Kirche ausgeschlossen. Ein amtliches Schreiben teilt dies einigen Bischöfen mit[231], und wir haben noch die Antwort erhalten, die von Mailand aus erfolgte. Dorthin hatten sich nämlich die Verurteilten begeben, aber die römischen Boten waren ihnen auf dem Fuße gefolgt und hatten erwirkt, daß Ambrosius einige Bischöfe bei sich versammelte und gleichfalls die Verdammung über Jovinian und Genossen aussprach. Bei dieser Gelegenheit erfahren wir übrigens noch, daß der Ketzer behauptet hatte, man könne Maria nach der Geburt Jesu eigentlich nicht mehr als Jungfrau bezeichnen, dies Prädikat komme ihr nur vor der Geburt zu: wobei uns wieder der Zusammenhang zwischen Askese und Marienkult vor Augen tritt. Wie schwer der Angriff Jovinians empfunden wurde, sehen wir auch daran, daß sogar die Staatsgewalt gegen ihn aufgerufen wurde: am 6. März 398 verfügte ein Erlaß des Honorius seine Verbannung auf eine dalmatinische Insel nach voraufgegangener Prügelstrafe; auch seine Anhänger sollten zerstreut und auf einsamen Inseln interniert werden[232]. Lange hat der Ketzer nicht mehr gelebt: im Jahre 406 war er schon ein Verstorbener[233].

Hieronymus hat auf Wunsch seiner römischen Freunde eine Widerlegung des Jovinian in zwei Büchern geschrieben, maßlos und voll boshafter Entstellungen und Übertreibungen, so daß selbst seinen eifrigsten Auftraggebern bange wurde. Sie zogen die in Rom angekommenen Exemplare ein und schickten dem Hieronymus ein Verzeichnis der anstößigen Stellen mit der Bitte um Abänderung: es müsse vor allem der Schein vermieden werden, als ob das Lob der Jungfräulichkeit notwendig mit der Herabsetzung, ja Verdammung der Ehe verbunden sei[234], das grenze

---

[231] Siricius epist. 7 Optarem semper (Coustant p. 663). Ambrosius' Antwort ebenda als Nr. 8 Recognovimus (Coustant p. 669): beide auch bei Ambrosius als epist. 42.

[232] Cod. Theod. 16, 5, 53; zum Datum s. Tillemont 10, 753 und Mommsen z. St. [233] Hieron. adv. Vigilantium 1. 2.

[234] Hieron. epist. 49, 2. 50, 3 und epist. 48 die Apologie des

ja an manichäische Denkweise. Der gekränkte Verfasser antwortete seinem vornehmen und deshalb höflich zu behandelnden Kritiker in einem offenen Brief und tat sein Mögliches, um die Vorwürfe zu entkräften. Aber schließlich blieb es doch dabei, daß er sich auf Paulus stützte und die Minderwertigkeit der Ehe biblisch begründete. Und das war auch wirklich das Fazit seiner eigenen Lebenserfahrung: ihm gab allein die Askese sittlichen Halt, und die Ehe konnte er nur im Lichte der Bordellerlebnisse seiner Jugend werten, deren lüsterne Bilder oft genug durch seine frommen Gespinste hindurchschimmern. So haben auch alle seine Abhandlungen und Briefe über Sinn und Wert der Askese einen starken Beigeschmack abstrakter Gelehrsamkeit und ermangeln der Frische und Kraft echt religiösen Erlebens.

*

Wir haben in den Vätersprüchen den kunstlosen Niederschlag einfachen Empfindens und volkstümlichen Denkens der nitrischen Mönche kennengelernt. Athanasius hat seine literarische Schulung in den Dienst der Werbung für das Ideal des Einsiedlers gestellt und ein unaustilgbares Vorbild der Heiligenbiographie geschaffen. In den siebziger Jahren des 4. Jahrhunderts ist in den Kreisen messalianischer Asketen ein Theolog, Symeon von Mesopotamien, aufgestanden, dessen Name uns erst durch die allerneueste Forschung[235] bekannt geworden ist. Seine Schriften freilich waren, wenigstens in einer guten Auswahl, längst ein hochgeschätzter Bestandteil der mystischen Literatur der griechischen Kirche[236], da der ihnen zum Schutze übergedeckte Verfassernahme des alten ägyptischen Asketen Makarius den ketze-

---

Hieronymus.

[235] H. Dörries, Symeon von Mesopotamien, 1941 (Texte und Unters. 55, 1).

[236] Macarii Aegyptii opera, besonders wichtig die 50 Homilien: Ausgabe von Floß bei Migne gr. 34, 449—822. Übersicht über das ganze Material bei Dörries, eine Ausgabe steht bevor. Nützliche Stoffübersicht bei Jos. Stoffels, Die mystische Theologie Makarius d. Aeg. 1908.

rischen Ursprung verbarg. Dies Tarnungsmittel war damals beliebt, und man hat auf dieselbe Weise zum Beispiel auch Schriften apollinaristischer Herkunft[237] als Werke des Athanasius, des Julius von Rom und Gregorios Thaumaturgos ausgegeben und dadurch für den kirchlichen Gebrauch gerettet. Die Geschichte der altchristlichen Literatur ist um weitere Parallelen nicht verlegen.

Symeons Werke sind griechisch geschrieben und atmen griechischen Geist. Der harte Radikalismus des syrischen Messalianertums ist abgeschliffen und von der schroffen Ablehnung jeder Arbeit, ja jeder irdischen Beschäftigung des Asketen ist keine Rede. Im Gegenteil: die werktägige Fürsorge für den Nächsten ist gebotene Pflicht, die man nicht verachten darf[238]. Symeon schreibt zur Förderung und Erbauung eines Kreises innerlich gekehrter Brüder, die der christlichen Vollkommenheit zustreben. Er weiß, daß dazu voller Verzicht auf alle irdischen Bindungen und allen Besitz nötig ist, unbedingte Erfüllung der asketischen Vorschriften der Bergpredigt: denn alles Irdische lenkt die Gedanken wieder auf sich und gibt dem Satan einen Anhalt zu verderblicher Einwirkung[239]. Und das „Sorget nicht" des Herrn ist so unbedingt zu erfüllen, daß sogar der Gebrauch von Heilkräutern und Arzenei, ja jede ärztliche Behandlung dem wahren Mönch versagt ist: solche Dinge hat Gott nur für die Weltmenschen und „alle da draußen" bestimmt, die sich noch nicht in vollem Glauben ihm hinzugeben vermögen[240]. Aber die einfache Beschaffung der unentbehrlichen Lebensbedürfnisse für den morgigen Tag ist mit nichten verboten, sondern sogar dem Vollkommenen gottgewollte Pflicht[241].

Indessen, die äußere Entsagung ist nur ein Anfang und kann zu einem falschen Mönchtum führen, das in irdischer Gesinnung befangen bleibt[242]. Entscheidend ist die innere Umkehr: denn die

---

237 Bd. 3, 271.
238 hom. 3, 2 8, 1. 4.
239 hom. 11, 7.
240 hom. 48, 5—6.
241 hom. 8, 4.
242 hom. 5, 4 17, 15 38, 1 43, 3.

Erlösung wächst von innen nach außen. Auch nach Adams Fall besitzt der Mensch in der Willensfreiheit die formale Gottebenbildlichkeit[243]. Aber die höhere des Logos hat er verloren, an ihre Stelle ist das Kainsbild getreten, und der Sturmwind der Leidenschaften treibt die Gedanken der Menschen wie in einem geschüttelten Sieb wirr durcheinander[244]. Seit Adams Tagen legt der Satan über jede Seele einen fein gesponnenen Schleier, der ihr das göttliche Licht verwehrt und sie der Macht der Finsternis ausliefert[245].

Aus eigener Kraft kann der Mensch diesem Sündenelend nicht entrinnen: aber Gottes Gnade hat den Weg der Erlösung bereitet. Christus hat durch seinen unschuldig erlittenen Tod den Teufel überlistet und ihm das weitere Anrecht auf Adams Geschlecht entrissen[246].

Und durch seine Menschwerdung hat er die Verbindung des Gottesgeistes mit dem Menschen wieder ermöglicht und den Weg geebnet, um seine Seele aufs neue zur göttlichen Wohnstätte zu machen[247]. Und das verwirklicht sich an dem einzelnen Menschen so: Gott klopft an die Tür unseres Herzens, um Einlaß zu finden: und wenn wir ihm öffnen, so kehrt er ein und beschenkt uns mit den Gaben seines Geistes[248]. Nun hebt ein Ringen zwischen Gott und Teufel, Licht und Finsternis in unserer Seele an, und die Willenskraft des Menschen entscheidet sein Schicksal[249]. Gibt er sich mit vollem Ernst der Gnade hin, so wird die Seele neu aus Gott geboren und Christi Bild gestaltet sich in ihr aus lichtem, zartem Himmelsstoff und verdrängt jenen bösen Schleier der Finsternis[250]. Das geschieht nicht auf einmal, sondern in langsamem Werden[251] unter ständigem Kampf des Willens gegen die

---

243 hom. 1, 7 15, 23 37, 10.
244 hom. 5, 1—3.
245 hom. 28, 4 32, 10 vgl. 8, 3. 5.
246 hom. 11, 9—10.
247 hom. 32, 6 vgl. 1, 7.
248 hom. 30, 9 vgl. 15, 5.
249 hom. 26, 24.
250 hom. 1, 10 30, 2. 3 49, 4; 4, 9. 11 11, 3 30, 4. 5 46, 4.
251 hom. 15, 41. 42.

mit aller Kraft ihren alten Besitzstand verteidigende Sünde: und das wichtigste Hilfsmittel der Seele ist dabei das Gebet, das unablässig, aber doch in beschaulicher Ruhe und stillem Frieden zu Gott emporgesandt wird[252]. Wer mit unbeugsamem Willen gläubig im Gebet anhält und sich mit Gewalt zu den Tugenden zwingt, die ihm fehlen, der wird Erhörung finden und vom Herrn mit Kraft ausgerüstet werden, so daß er mit der Zeit des Guten gewohnt wird und freiwillig tut, was er vordem nur wider seines Herzens Begehren durchsetzen konnte. Dann wird er voller Früchte des Geistes sein. Denn der Herr selbst wird in ihm wohnen und in ihm seine eigenen Gebote erfüllen, so daß ihm die christliche Tugendübung zur Natur wird[253].

Zuweilen gewährt Gott den ernstlich Ringenden ihre Bitte sofort, sogar während sie noch im weltlichen Leben stecken; andere, die sich schon lange als Asketen gemüht haben, läßt er warten und prüft, ob die Kraft ihres freien Willens auch dieser Probe stand hält. Am Ende kommt Gott sicher mit seiner Gnade, denn er macht seine Verheißungen unfehlbar wahr: „wer da sucht, der findet"[254]. Aber auch der Frömmste ist vor Rückfällen in die Sünde nicht sicher, selbst wenn er zeitweilig bis zur höchsten Stufe der Vollkommenheit gelangt ist: einen dauernd vollkommenen, freien Christenmenschen hat Symeon nie gesehn[255].

Und doch ist die aus der Gottesgeburt erwachsende Wandlung des Menschen eine objektive Tatsache. Sie zeigt sich erstens an der immer stärkeren Zurückdrängung der Sünde, der wachsenden Leichtigkeit der Tugendübung und freudigen Nachfolge des Leidens Christi im Ertragen des Hasses der Welt. Die vom Geist belebten Christen erfüllen die Gebote der Bergpredigt mit Freuden, vergeben jedes Unrecht, lieben ihre Verfolger und richten nicht über andere, auch nicht über öffentlich bekannte und allgemein verabscheute Sünder[256]. Zweitens aber offenbart sich die Gegenwart des Geistes in der Seele des Wiedergeborenen durch

[252] hom. 6, 1—4 40, 2. Dörries S. 24.
[253] hom. 19, 2—3. 5—7.
[254] hom. 29, 1—2. Dörries S. 15.
[255] hom. 17, 6 29, 13 50, 4 8, 5 Dörries S. 31.
[256] epist. 2 p. 420 b c 437 c d hom. 8, 6 37, 4 15, 8 32, 9.

die Wonnen brünstiger Gottesliebe, mit der Christus als Bräutigam die ihm anverlobte Seele beglückt[257]: als himmlisches Feuer durchglüht und läutert diese Liebe die Seele, speist sie mit himmlischer Nahrung und kleidet sie in himmlisches Gewand[258]. Der Schleier der Finsternis sinkt zu Boden. Das Himmelslicht macht die Augen des Verstandes helle, und hoch Begnadete vermögen bei seinem Schein das Bild der engelgleich gewordenen eigenen Seele zu schauen, so wie es einst bei der Auferstehung offenbar werden wird[259]. Aus Güte und Barmherzigkeit „verkleinert" sich Gott und nimmt Gestalt aus feinstem Stoff an und wird so den heiligen und würdigen gläubigen Seelen ähnlich, so daß sie ihn sehn und fassen können, seine Süßigkeit schmecken und die Freundlichkeit seines unaussprechlichen Lichtes genießen. So erscheint Gott auch in der Gestalt des himmlischen Jerusalem oder verleiblicht sich im Lebensbrot und Himmelstrank des Abendmahls: und so ist er auch leibhaftig den Gottesmännern des Alten Testaments erschienen[260].

Wir haben in der Schriftenmasse Symeons einige Stellen mit Selbstbekenntnissen erhalten, die von visionärem Erleben zu berichten wissen und den Leser verstehen lassen, warum alle irdischen Freuden wertlos und ganz nichtig sind für den, der auch nur einmal die Seligkeit der Himmelsschau gekostet hat[261].

Es kommt einer von der Tagesarbeit heim in sein Kämmerlein und betet, und in einer einzigen Stunde ergreift das Gebet auch seinen inneren Menschen und entrückt ihn in die grenzenlose Tiefe jener Welt mit süßestem Empfinden, so daß alle seine Gedanken des Irdischen vergessen und erfüllt werden mit Göttlichem, Himmlischem, Unbegrenztem, Unbegreiflichem, Wunderbarem, das keines Menschen Mund aussagen kann — so daß er in jener Stunde betet und sagt: O daß doch meine Seele mit dem Gebet entschweben möchte!

---

[257] hom. 4, 14 8, 1 9, 9 30, 4 31, 4 45, 7 46, 6.
[258] hom. 4, 14 14, 3. 4. 7 25, 10.
[259] hom. 46, 4. 5 7, 5—7; 5, 9 11, 1.
[260] hom. 4, 9—13.
[261] Vereinigt in hom. 8, vgl. 7, 1 und Dörries 29 ff.

Die Gnade ist von frühester Jugend an im Menschen eingewurzelt wie ein Stück seiner Natur, aber sie wirkt nach ihrem eigenen Willen in wechselnder Stärke: zuweilen läßt sie das Feuer hoch auflodern und das Licht hell leuchten im Rausch, dann aber dämpft sie es wieder und macht es finster. Manchem wird durch das Licht ein Kreuzeszeichen auf seinen inneren Menschen geprägt, mancher wird beim Beten in Ekstase versetzt und findet sich in der Kirche am Altar stehend und wunderbar wachsendes Brot essend, mancher empfängt ein Lichtgewand, wie es Johannes und Petrus auf dem Berg der Verklärung trugen, und wieder ein andermal eröffnet das im Herzen scheinende Licht jenes innere und tief verborgene Licht, so daß der ganze Mensch in süßer Schau untergeht und sein irdisches Bewußtsein verliert im Überschwang der Liebe und Süßigkeit um der verborgenen Geheimnisse willen.

Zu der Zeit wird der Mensch befreit und kommt zur Höhe der Vollendung und ist rein und frei von der Sünde. Aber danach weicht die Gnade zurück und der Schleier der feindlichen Macht kommt wieder, und der Mensch sinkt ab auf eine niedere Stufe der Vollkommenheit. Zwölf Stufen sind es, und es gibt Begnadete, die Tag und Nacht auf der höchsten verweilen. Aber volle Dauer ist diesem Zustande nicht bestimmt, denn wer ihn erfährt, der sitzt entrückt und berauscht in einem Winkel und kann sich nicht um sich selbst, um die Brüder, die Wortverkündigung und die Sorgen für den morgigen Tag kümmern. Darum ist keinem Menschen Dauer in der Vollkommenheit beschieden.

Da fragen die Schüler ihren Meister: nun sag uns du, auf welcher Stufe du stehst? Anwort: erst kam das Kreuzeszeichen, jetzt wirkt die Gnade und gießt Frieden in alle Glieder und ins Herz, so daß die Seele vor vieler Freude wie ein unschuldiges Kindlein erscheint. Der Mensch verurteilt niemanden mehr, keinen Heiden, keinen Juden, keinen Sünder, kein Weltkind, sondern der innere Mensch sieht sie alle mit reinem Auge an, und der Mensch freut sich über die ganze Welt und will allewege nur anbeten und lieben. Wie ein Königssohn vertraut er auf den Gottessohn wie auf seinen Vater und wenn er sein Reich mit den vielen Wohnungen (Joh. 14, 2) betritt, so tun sich ihm hundert und aberhundert Türen auf, und er ist der reiche Erbe von Dingen, die keines Menschen Mund aussagen kann. Der Menschheit[262] predigt er dann als Gesandter Christi von den himmlischen Geheimnissen, soviel sie zu hören vermag von den unfaßbaren Dingen jener Welt. Die Scheidewand ist für ihn zerbrochen und das himmlische Licht brennt ihm Tag und Nacht, wenn auch in wechselnder Stärke: zuweilen legt sich doch noch ein Nebel darüber, und deshalb sagt auch Symeon von sich: „ich bin nicht vollkommen frei." In der Deutung[263] der berühmten Vision Ezechiels vom Thronwagen Gottes spiegelt sich der Widerschein einer ekstatischen Schau des Symeon: da können wir erfahren, wie sich ihm Erlebnisse aus jener Welt in die lehrhafte Predigt vor seinen Jüngern umsetzen.

Fragt man dieses Christentum nach seiner Eigenart, so gibt es sich schnell als die auch der ägyptischen Askese wesenhafte Religion der Selbsterlösung durch die von Gott in Gnaden unterstützte Willenskraft zu erkennen. So nachdrücklich auch betont wird, daß Gott den Anfang macht und daß nur seine Gnade allem menschlichen Wollen und Handeln wirklichen Wert verleiht — entscheidend bleibt doch der eigene freie Wille des Menschen und seine Treue in ausharrendem Gebet. Christi Menschwerdung liefert die metaphysische Grundlage für die pneumatisch-ätherisch, aber eben doch stofflich gedachte Neubildung der Seele, sein Leiden ist Typus und ermunterndes Vorbild für die ihm nachstrebende Menschheit.

Die Kirche wird kaum erwähnt, und ihre Sakramente sind nur Begleiterscheinungen, nicht Ausgangspunkte der Gnadenwirkung. Das wird besonders deutlich, wenn wir hören, daß die Gnade keimhaft bereits im Kinde vorhanden ist. In diesen Dingen gibt sich Symeon als echten Schüler der messalianischen Frömmigkeit, und auch der eschatologische Relativismus, der nur an den Vollkommenen Interesse nimmt und alle übrigen, Gemeindechristen und Heiden, auf eine Stufenleiter von Belohnungen abzüglich der Strafen im Jenseits einordnet, ist dem Symeon

[262] Dies Schlußstück bei Dörries S. 32.
[263] hom. 1 Dörries S. 161.

geläufig: „Manche sagen, es gebe nur Ein Himmelreich und Eine Hölle: wir aber sprechen von vielen Stufen und Unterschieden und Graden, sowohl im Himmel wie in der Hölle", und er führt diesen Gedanken mit Betonung über die Grenzen des Kirchentumes hinaus[264]. Hier ist aber auch der Punkt, an dem die außerchristliche Wurzel dieser Askese erkennbar zutage tritt und bei aller Vorsicht der „Beter" immer wieder einmal eine Abwehraktion der Kirche ausgelöst werden kann. Dafür hat aber zu allen Zeiten bis in die Frömmigkeit der Gegenwart hinein der tiefe Ernst dieser Weltentsagung und die Seligkeit der mystischen Seelenliebe und Gottschau zwingende Gewalt über einsame Christenherzen gewonnen. Und doch liefert das Christentum nur die Bilder, nicht die Substanz dieser Frömmigkeit.

Bei Symeon tritt uns das Messalianertum in griechisch veredelter Form entgegen. Seinem syrisch-radikalen Fanatismus begegnen wir in einer vor wenigen Jahren entdeckten Sammlung von 30 syrischen Traktaten, genannt das „Stufenbuch", die gegen Ende des Jahrhunderts entstanden sein mögen und außer ihrer Sprache keinerlei Hinweis auf ihren Ursprungsort enthalten[265]. Der ungenannte Verfasser redet die Brüder, Väter und Schwestern in Christo an und mahnt sie, in der Schrift nach den Geboten Gottes zu forschen und ihre Unterschiedlichkeit zu erfassen, was freilich nur mit Hilfe des hl. Geistes dem möglich sei, der sich selbst hasse, in Demut sein Kreuz auf sich nehme und dieser Welt schlechthin absage.

In hundertfacher Wiederholung[266] tönt uns aus allen diesen Reden die asketische Heilslehre von dem Unterschied der „Gerechten", nämlich den in der Welt lebenden Kirchenchristen, und den „Vollkommenen" entgegen. Die Gerechten erfüllen die Gebote bürgerlicher und christlicher Ehrbarkeit: sie hüten sich vor Mord, Raub und Ehebruch, schwören nur mit Ja und Nein und

---

264 hom. 40, 3 f.

265 Entdeckt und mit ausgezeichneten Einleitungen herausgegeben und übersetzt von Michael Kmosko in der Patrologia Syriaca Pars 1 tom. 3 Liber graduum. Paris 1926. Zur Datierung s. Hausherr in Orientalia Christiana periodica 1 (1935) S. 495—502.

266 Besonders scharf formuliert in den Sermonen 14 und 19. 20

streben nicht nach fremdem Gut. Sie sind ehrlich im Handel und nehmen keine Zinsen für ausgeliehenes Geld. Sie halten die Gemeinde rein und stoßen unverbesserliche Sünder nach Matth. 18, 16. 17 aus ihrer Mitte. Ihre zehn Gebote sind nicht aus dem Alten Testament entnommen, sondern lauten[267]: „Höre Israel, unser Herr und Gott ist einer. Du sollst Gott, deinen Herrn, lieben von ganzem Herzen, von allen deinen Kräften und von ganzer Seele. Und du sollst deinen Nächsten lieben als dich selbst. Du sollst nicht töten, nicht ehebrechen, nicht stehlen, nicht falsch Zeugnis geben" — d. h. sie sind aus Mark. 12, 29—31 und Matth. 19, 18 zusammengestellt. Die Kirche spendet ihnen in der Taufe das Sakrament, das den hl. Geist verleiht und dadurch die Möglichkeit gibt, diese Gebote zu erfüllen und ohne Sünde aus dem Leben zu scheiden[268]. Aber auch der rückfällige Sünder hat in der Buße das Mittel einer Wiederherstellung seiner Reinheit. Das Taufsiegel verbleibt dem Christen bis zum Tode und überdauert auch Zeiten sündiger Schwäche. Nur wer bis zur letzten Stunde in unbußfertiger Haltung verharrt, geht seiner verlustig[269].

Aber diese ganze irdische Kirche mit ihren Sakramenten ist nur ein Gleichnis wie alles Irdische, ein für die Menschen faßbares Abbild der übersinnlichen Wirklichkeit der „verborgenen Kirche" und ihrer Heilkräfte[270]. Dieser gehören die „Vollkommenen" an, die zum Vollbesitz des hl. Geistes gelangt sind, denen der Paraklet die ganze Fülle seiner Offenbarung spendet[271]. Sie klimmen die steilen Stufen empor, die zu der verborgenen Stadt führen und irren nicht ab auf die bequemen Straßen der „Gerechten".

Die drei für die Vollkommenheit entscheidenden Dinge sind[272]: Demut, Feindesliebe und Versöhnlichkeit unter jeder

---

[267] Sermo 22, 21.
[268] Sermo 28, 8 12, 4.
[269] Sermo 24, 2.
[270] Sermo 28, 8.
[271] Sermo 15, 16.
[272] Sermo 20, 1 und dazu p. CVIII f.

Bedingung, Verzicht auf allen Besitz und sogar auf die Arbeit um des Lebensunterhaltes willen, Keuschheit und Herzensreinheit, wie sie Adam vor dem Sündenfall besaß. Denn eben darin besteht die von Christus als dem zweiten Adam (1. Kor. 15, 45) gebrachte Erlösung, daß wir nach seinem Vorbild die aus sinnlichem Begehren erwachsene Sündhaftigkeit Adams in uns durch radikalen Verzicht auf alles Irdische überwinden[273] und das reine Herz gewinnen, das Gott schauen kann.

Nur die Vollkommenen vermögen Gottes Willen in wörtlicher Befolgung der härtesten Jesussprüche ganz zu erfüllen und werden dafür schon auf Erden belohnt, denn ihrem Blick ist täglich der Himmel offen, sie bekennen lobpreisend den Herrn und wandeln im Geist von Herrlichkeit zu Herrlichkeit, und sie schauen den Herrn in ihren Herzen wie in einem Spiegel[274]. Und nach dem Tode werden sie — und nur sie allein — die Herrlichkeit des Herrn Jesus Christus in seiner himmlischen Kirche erblicken und mit ihm selig sein[275]. Aber „in des Vaters Hause sind viele Wohnungen": auch die „Gerechten" finden ihren Lohn und erben das Gottesreich; indessen ist ihre Seligkeit eine mindere und mit dem Glück der Vollkommenen nicht zu vergleichen[276]. Werden doch auch die nur halbwegs Gerechten ihren guten Werken entsprechend eines Lohnes gewürdigt, nachdem sie für ihre Übeltaten die gebührende Strafe erlitten haben[277].

Wer also wirklich mit seinem Christentum Ernst machen und das vom Herrn gewiesene Ziel erreichen will, der darf nicht auf der vorbereitenden Stufe der landläufigen Kirchlichkeit stehen bleiben, sondern muß tapfer den Entschluß zur Weltabsage fassen und die Vollkommenheit ergreifen. Das ist die immer und immer wieder erklingende Mahnung all der dreißig Homilien: um diese Lehre dem Leser in die Seele zu hämmern sind sie geschrieben. Mit größtem Nachdruck wird als teuflischer

---

[273] Sermo 15, 9 21, 4. 11 25, 2. Passion Christi als Vorbild sermo 17.

[274] Sermo 14, 2

[275] Sermo 12, 7 16, 12 20, 14.

[276] Sermo 3, 2. 3 15, 10 30, 27.

[277] Sermo 15, 10.

Trug jede Form der Askese abgelehnt[278], die sich durch Handarbeit, Erwerb und Besitz irgendwelcher Art zum Selbstunterhalt oder zum Zweck der Wohltätigkeit noch an diese Welt bindet. Alle Werke der Nächstenliebe sind dem Vollkommenen verwehrt, alle Arbeit ist ihm verboten. Das Wenige was er zum Leben braucht, sollen ihm die „Gerechten“ reichen[279], er selbst tut nichts anderes als am Aufstieg der eigenen Seele arbeiten, das heißt aber, er lobpreist, betet oder psalmodiert beständig[280]. Er hat auch keine Heimat mehr, keinen festen Aufenthaltsort, sondern zieht, wenn er sich asketisch ausreichend geschult hat, als wandernder Apostel und lebendiges Beispiel der Jesusbotschaft von Ort zu Ort[281].

Gegen die Kirche und ihre Lehre besteht kein Gegensatz: im Gegenteil versichert der Verfasser seine Ehrfurcht vor ihr, ihren Bischöfen und ihrer Lehre. Aber ihm ist liebevolle und seelsorgerische Betreuung der „Sekten“ auch eine Pflicht der Vollkommenen, die im scharfen Gegensatz zu den Ketzerverfolgungen der Kirche steht: und zuweilen werden auch Vollkommene als blutige Opfer kirchlichen Hasses zu Märtyrern, weil sie „etwas gesagt haben, das vor jenen verborgen war“, also etwas Ketzerisches[282]. Damit ist das Bild dieser Bewegung vollendet. Wir haben den asketischen Radikalismus vor uns, der für Syrien charakteristisch ist und in seiner Ablehnung der Arbeit und alleiniger Wertung des Lobsingens, Psalmodierens und Betens sowie in der Obdachlosigkeit die charakteristischen Züge des Messalianertums trägt.

Der Theoretiker der sketischen Wüste ist Euagrius Ponticus. Von diesem Mann und seinen Schicksalen haben wir genauere Kunde[283]. Er war, wie sein Name sagt, aus der pontischen Gegend Kleinasiens gebürtig, und zwar aus der nicht fern der

---

[278] Sermo 25.
[279] Sermo 25, 3. 8.
[280] Sermo 3, 15 7, 20 14, 2 27, 5.
[281] Sermo 19, 31 27, 4—5 30, 2.
[282] Sermo 27, 5 30, 4.
[283] Hist. Laus. 38. Socr. 4, 23, 34—71 epist. 33 p. 581 ed. Frankenberg (vgl. p. 21) und Bousset, Apophth. Patr. S. 336.

kappadokischen Grenze liegenden Stadt Ibora[284]. So mag er mit Basilius bekannt geworden sein, dessen Kloster Annesoi[285] in der Nähe lag: er trat in die Schar seiner Mönche ein und wurde von ihm zum Anagnosten geweiht. Aber dies Mönchsleben vermochte nicht, ihn auf die Dauer zu fesseln. Nach dem Tode des Meisters verließ er das Kloster, und wir finden ihn 381 in Konstantinopel als Diakon und begeisterten Schüler des Gregor von Nazianz wieder: er berichtet seinen verlassenen Gefährten beglückt, daß er in diesem Mann gefunden habe, was er suchte, den großen christlichen Redner und Philosophen. Und zum Zeichen, daß er hier wirklich Bedeutendes gelernt habe, schreibt er gleich einen Traktat über die aktuellen Probleme der Trinitätslehre[286]. Schon hierbei zeigt sich deutlich, was in der Schriftstellerei der späteren Zeit vollends klar zutage tritt, daß er von seinen beiden kappadokischen Meistern gründlich in die Theologie des Origenes eingeführt ist und sie mit Begeisterung aufgenommen hat. Als Gregor die Hauptstadt verließ, blieb er bei Nektarius zurück, und erst als die Liebe zu einer vornehmen Dame sein Gewissen in arge Not brachte, rettete er sich nach Jerusalem, freilich mit schwer verwundetem Herzen. Die hl. Melanius heilte ihn durch kräftigen Zuspruch. Nun zog er nach Ägypten, zwei Jahre später ging er ins nitrische Gebirge und schloß sich den beiden Markarius[287] als seinen Zuchtmeistern an: und da ist er der große Lehrer des Mönchstums geworden. Durch ihn dürfte bei denjenigen der nitrischen Mönche, die für höhere Bildung empfänglich waren, das Studium des Origenes zur Blüte gebracht worden sein — das wenig später ihnen so bittere Frucht tragen sollte.

Hier in Nitria sind nun auch die klassischen Schriften des Euagrius entstanden, die bald im Mönchtum des Ostens und Westens als hochgeschätzte Wegweiser studiert und dazu ins

---

[284] Pauly-Wissowa 9, 816.

[285] s. o. S. 165.

[286] Erhalten syrisch bei Frankenberg S. 620—634, griechisch als Basil. epist. 8, also unter falschem Namen s. Bousset, Apophth. S. 335—341.

[287] s. S. 131.

Syrische, Armenische und Lateinische übersetzt wurden. Aber das kirchliche Strafgericht, das im sechsten Jahrhundert über Origenes verhängt wurde, traf auch den Euagrius, und so sind die griechischen Originaltexte bis auf kleine Reste untergegangen. Die Übersetzungen haben es vielfach besser getroffen, und im Syrischen ist uns fast sein gesamtes Schrifttum erhalten[288]. Es umfaßt zwei Hauptwerke und eine Reihe kleinerer Traktate. Wir haben die Scheu der ägyptischen Mönche vor der Bibel kennengelernt, dem heiligen Buch, dem sie innerlich nicht näher zu kommen vermögen[289]. Euagrius lehrt sie in seinem „Antirrhetikos", nach Christi Vorbild (Matth. 4, 1—11) Bibelsprüche zur Abwehr dämonischer Versuchungen zu benutzen[290].

Acht böse Geister sind es, die dem Mönch zu schaffen machen: die Dämonen der Gefräßigkeit, der Hurerei, der Geldgier, der Traurigkeit, des Zornes, des Überdrusses am Mönchsleben, der Eitelkeit, der Überheblichkeit. Für jedes dieser acht Laster gibt Euagrius die Anlässe und teuflischen Begründungen an und läßt dann einen Bibelspruch folgen, der dem Mönch die Kraft des Widerstandes geben kann. So ist dieser Antirrhetikos ein nützliches Handbuch für den ringenden und nach oben strebenden Kämpfer, den Praktiker, wie ihn Euagrius nennt. Daneben steht nun das Buch für den Vollkommenen, dem Einblick in die himmlischen Geschehnisse vergönnt ist, die „600 gnostischen Probleme", in 6 Büchern zu je 100 Thesen eingeteilt und deshalb meist als „Centurien" zitiert[291].

Was schon im Antirrhetikos zu bemerken war, das wird hier in den Centurien vollends deutlich: die Schriftstellerei des Euagrius schließt sich bewußt der Form der Vätersprüche an. Sie vermeidet lange Auseinandersetzungen, ja überhaupt fortlaufende Rede — wie wir sie etwa bei Symeon finden — und begnügt sich damit, knapp formulierte Sprüche hintereinander zu setzen. Das gibt eine kräftig wirkende und einprägsame Form

---

[288] Herausgegeben mit Übersetzung von W. Frankenberg, Euagrius Ponticus (Abh. Gött. Ges. N. F. 13 Nr. 2) 1912.

[289] s. S. 145 f.

[290] Frankenberg S. 427—545.

[291] Frankenberg S. 8—471.

der Lehre. Die Centurien, in denen sich die Lust am Spekulieren frei ergehen kann, sind uns in ihrer syrischen Form übrigens mit einem ausgiebigen Kommentar des um 600 schreibenden Archimandriten Babai überliefert, aus dem man das in den Klöstern ausgebildete Verständnis dieser Texte mit Nutzen entnehmen kann. Eine kurze Zusammenfassung seiner Lehren vom Mönchtum gibt Euagrius in dem zweiteiligen Werk vom „Mönch", dem „Praktikos" in 100 Sätzen[292] und dem „Gnostikos" in weiteren fünfzig[293] sowie in dem „Mönchs- und Nonnenspiegel"[294]. Eine Anzahl Briefe vollenden seine Hinterlassenschaft[295].

Dieses ganze Schrifttum ist nun dadurch gegen alles verwandte scharf abgegrenzt, daß es seinen Lebensgeist und seine Ausdrucksformen aus Origenes schöpft, ja daß es sogar noch tiefer in die alexandrinische Tradition hinabsteigt. Denn der vollkommene Mönch als „Gnostiker" ist der echte Nachfolger des christlichen Gnostikers, den einst Klemens der Alexandriner seiner Zeit als das wahrhaftige Gegenstück des synkretistischen Gnostikers entgegenhielt[296]. Und das Bild von Himmel und Erde, diesseitigen und jenseitigen Lebensformen, das Euagrius allenthalben voraussetzt, ist kein anderes als das Weltbild des Origenes mit all seiner Weite und Tiefe. Und von diesem Meister hat er auch seine Bibelauslegung gelernt und trägt seinen Lesern gerne vor, was er in des Origenes Psalmenkommentar an mystischer Weisheit gefunden hat[297]. Selbst die Dämonen — von denen wir in der messalianischen Literatur nichts hören — treten wieder im Vordergrund des mönchischen Lebens auf, wie es der nitrischen Tradition entspricht, aber es sind doch nicht mehr bloß die Gespenster der Wüste, sondern sie haben viel von der Geistigkeit der origenistischen Welt angenommen. Sie bilden eine abgestufte Hierarchie unter sich und verteilen die Angriffsaufgaben

---

[292] Griechisch erhalten Migne gr. 40, 1219 bis 1252.

[293] Frankenberg S. 546—553.

[294] Griechisch herausgegeben von H. Greßmann in Texte u. Unters. Bd. 39, Heft 4 (1913).

[295] Frankenberg S. 554—635.

[296] s. Bd. 2, 301—305.

[297] Bousset Apophthegm. S. 287 bis 321.

nach ihren Fähigkeiten, und wer sie kennt, vermag ihre Kräfte zum eigenen Nutzen gegeneinander auszuspielen[298].

Das System des Aufstiegs ist mit wenigen Worten bestimmt: der Praktiker beginnt mit Glauben und Gottesfurcht, die durch Askese gesichert und durch Geduld und Hoffnung unwandelbar gemacht werden. Das Ziel der Praktik ist die Leidenschaftslosigkeit, die Apatheia, aus der die Liebe geboren wird. Diese aber ist die Tür zur wesenhaften Erkenntnis (physike gnosis), aus der Gottes Lob (Theologia) und höchste Seligkeit folgt[299]. In zahlreichen Sätzen werden die Methoden der Bekämpfung versucherischer Gedanken erörtert und nachdrücklich wird eingeschärft, daß ohne Verzicht auf Speise, Trank, Ansehn und Körperpflege die Leidenschaftslosigkeit nicht erreicht werden kann[300]. Diese aber ist die Voraussetzung für den weiteren Aufstieg in das Gebiet der Gnosis oder Theoria. Die untere Stufe der Erkenntnis ist die mit dem verstandesmäßigen, diskursiven Denken arbeitende Erfassung der körperhaften und der körperlosen Welt — also eben die Dinge, die Origenes mit begeisterten Worten als erstes Sehnsuchtsziel seines Erkenntnisstrebens schildert[301]. Darüber hinaus aber greift bei Euagrius wie bei seinem Meister die intuitive Schau der heiligen Dreifaltigkeit, die nach Matth. 5, 8 nur denen beschieden ist, die „reines Herzens sind". Dies ist der selige Zustand der über alle Einzelerscheinungen herausgehobenen, im Gebet verharrenden Seele, die sich mit Gott vollkommen vereinigt weiß[302].

Der Erreichung dieses Ziels gilt schließlich alles, was in des Euagrius Büchern zu lesen steht, aber von dem Zustand dieser Seligkeit spricht er nur selten und mit großer Zurückhaltung. Mehrfach wird betont, daß die selige Verzückung dem Nus im

---

298 Pract. n. 43—46 Migne 40, 1244 und n. 58 p. 1248; n. 31 f. p. 1250.

299 Pract. init. p. 1221 c, n. 56 p. 1233 c d. Vgl. Bousset, Apophth. S. 316 f. Reitzenstein, Hist. Monach. S. 128 ff.

300 Pract. n. 63 p. 1236.

301 s. Bd. 2, 322 ff.

302 Brief 62 p. 611. Cent. 7, 23. 29. 30. 43 p. 443. 453. 455. 459 Fr.

Gebet zuteil wird und von Lichterscheinungen begleitet ist[303]. Und in diesem Lichte vermag die Seele sich selbst zu schauen „wie einen Saphir", und darin den „Ort Gottes", die Wohnung Gottes in dem erleuchteten Nus[304]. Der Kommentator und die späteren Nachfolger auf dem Gebiet der Lichtmystik haben sich sehr viel deutlicher ausgesprochen und mit Vorliebe ausgemalt, was die Seele im göttlichen Lichte zu schauen erwarten darf. Wir bemerken, daß wir bereits bei Symeon diesen Vorstellungen begegnet sind[305], die offenbar nicht in einer Theorie, sondern in der lebendigen Erfahrung des ekstatischen Asketentums wurzeln. Wir finden ganz analoge Erlebnisse auch in außerchristlicher Mystik: sowohl Plotin wie Philo wissen davon zu sagen[306].

Auch Basilius hat solches Licht geschaut[307]: aber wenn Gregor von Nazianz, der gerne von Ekstase und Gottschau redet[308], uns dies Erlebnis seines Freundes nicht verraten hätte, würden wir nichts davon wissen. Denn Basilius selbst übt in seinen Schriften diesen Dingen gegenüber größte Zurückhaltung, und seine asketischen Reden und Traktate weisen wohl mit männlicher Nüchternheit den Weg zum Ziel der Vollendung, aber sie rühren nicht an das zarte Geheimnis des höchsten Innenlebens. Aber gerade diese kräftige Klarheit, in der sich der Wille einer überlegenen Führerpersönlichkeit widerspiegelt, hat die sogenannten Regeln des Basilius zum Lehrbuch des griechischen Mönchtums der Folgezeit werden lassen. Wer mystischer Ergänzung und Vertiefung bedurfte, konnte sie jederzeit leicht aus anderen Quellen schöpfen.

Wir haben von Basilius selbst[309] vier programmatische Reden über Wesen, Ziel und Organisation der Askese erhalten. Dazu

---

303 Cent. 7, 4 p. 427 7, 6 p. 429 7, 29 p. 453 7, 30 p. 455 Fr.

304 Cent. 7, 28 p. 453 Fr. Pract. n. 70. 71 Migne 40, 1244 vgl. n. 36 p. 1232. Weiteres bei Bousset, Apophth. S. 318. 332. Holl, Enthusiasmus und Bußgewalt S. 38—40. 181. 211.

305 s. o. S. 176 ff.

306 Plotin Enn. 4, 8, 16, 99 s. Bd. 3, 21. Über Philo s. Bousset, Apophth. S. 332 f.

307 Greg. Naz. or. 43, Migne gr. 46, 809 c.

308 s. K. Holl, Amphilochius S. 205—207.

309 Zu den Echtheitsfragen s. Holl, Enthusiasmus u. Bußgewalt S. 157 A. 1 und über Basilius 156—170.

treten dann die „ausführlichen Regeln“ in 55 und die „kurzen Regeln“ in 313 Kapiteln: hier werden in Frage und Antwort ohne bestimmte Disposition grundsätzliche Probleme des mönchischen Lebens eindringlich erörtert, aber auch die hundert Einzelfragen des klösterlichen Alltagslebens, der Gewissenserforschung und der asketischen Praxis durchgesprochen; die kurzen Regeln beruhen tatsächlich auf Niederschriften der von Basilius mit seinen Klostergenossen in nächtlichen Andachtsstunden gepflogenen seelsorgerlichen Gespräche[310].

In den „Moralia“ tritt der durch Origenes geschulte Biblizismus des Basilius eindrucksvoll in die Erscheinung. Eine Fülle der verschiedensten Thesen über Fragen des Glaubens- und Sittenlebens wird knapp formuliert und jede einzelne durch Zitate aus der Schrift belegt. Obwohl dieses Werk nicht ausdrücklich für Mönche bestimmt ist, sondern sich an die Christen schlechthin wendet, ist es doch eine einzige große Vermahnung zum asketischen Leben. Denn für Basilius gibt es die landläufige Trennung zwischen der Ethik der Weltchristen und dem höheren Streben der Vollkommenen nicht. Gottes Gebote gelten allen Menschen und sind verbindlich ohne Ausnahme: „Ihr sollt vollkommen sein“ ist jedem Menschen gesagt, und keiner hat die freie Wahl, ob er nach Vollkommenheit streben oder sich mit einer geringeren Stufe annehmbarer Gerechtigkeit begnügen will. Wählen darf er nur, ob er dem höchsten Ziel im Stande der Jungfräulichkeit oder in dem der Ehe nachstreben soll. Dies ist das einzige Zugeständnis, das Gott der menschlichen Schwäche gemacht hat: er „verzeiht“ die in der Ehe notwendig entstehende sinnliche Leidenschaft. Im übrigen sind die Anforderungen an beide Stände dieselben, und wer da glaubt, im Getriebe des Weltlebens einzelne Gebote vernachlässigen zu dürfen, tut es auf eigene — große und furchtbare — Gefahr[311].

Es ist möglich, auch in der Welt vollkommen zu werden, aber sehr schwer, so schwer, daß man es fast als unmöglich be-

---

[310] Bas. reg. brev. prooem. p. 413 c.

[311] reg. fus. prooem. 3. 4 p. 329—333 de renunt, saec. 1. 2 p. 202 d—204 a.

zeichnen kann[312]. Wer seine Seele retten will, ergreife das asketische Leben: es erzieht ihn zum Halten der göttlichen Gebote, die sämtlich erfüllt werden müssen und können[313]. Hart wie Luthers erste Wittenberger These klingt das Wort[314]: „diese Welt gehört der Buße, jene der Vergeltung". Das erste Gebot ist nach Matth. 22, 36—40 die Liebe zu Gott, das andere die Nächstenliebe: und zu beider Erfüllung sind die Keimkräfte in unsere Natur gelegt[315]. Nun wohl: Gott lieben heißt, sein Bild stets im Herzen tragen, sein ganzes Denken von ihm beherrscht sein lassen und von diesem Kraftquell aus zur Erfüllung der Gebote fortschreiten, das heißt aber zur völligen Ablösung von den Fesseln der Leidenschaften dieses Lebens. Und wer das tut, der geht damit in eine andere Welt über und kann nicht mehr der Diesseitigkeit verhaftet bleiben[316]. Gott lieben heißt dieser Welt völlig entsagen.

Damit ist aber nicht der Weg in die Einsamkeit des Anachoretentums gewiesen, denn neben der Gottesliebe ist uns die Nächstenliebe geboten: beide sind untrennbar und fördern sich wechselseitig[317]. Erst das gemeinsame Leben mit andern Asketen gibt uns die Möglichkeit, Weltentsagung mit tätiger Nächstenliebe zu verbinden und in Unterwerfung des eigenen Willens unter den Befehl des geistlichen Führers die Tugend des Gehorsams, im Betragen gegen die Gefährten Demut, Hilfsbereitschaft, Verträglichkeit und jede andere christliche Tugend zu entfalten. Eine solche Mönchsgemeinschaft wird wirklich nach des Apostels Wort „ein Leib", dessen Haupt Christus ist, als dessen dienendes Glied sich jeder Einzelne fühlt und in dem die von einem ausströmende Kraft des heiligen Geistes sich über alle ausbreitet[318].

---

312 reg. fus. 6 p. 344 d moralia 2, 1 p. 236 c.
313 mor. 8, 1 p. 240 d.
314 reg. fus. prooem. p. 327 d.
315 reg. fus. 1. 2 p. 335—336. Naturanlage 2, 1 p. 337 a und 3, 1 p. 340 c.
316 reg. fus. 5, 2 p. 342 b c.
317 reg. fus. 3, 1. 2 p. 340 b—d.
318 reg. fus. 7, 2 p. 346 c—e.

Ein solches Kloster wird auch zu einer Quelle des Segens für Außenstehende, und mancher, der geistlichen Beistandes oder belehrenden Zuspruchs bedarf, klopft an das Tor und wird freundlich aufgenommen[319].

In der Zeichnung des asketischen Weges stimmt Basilius mit den durch Athanasius Gemeingut gewordenen Grundzügen wesentlich überein. Auch ihm bedeutet der Verzicht auf die Welt und den Besitz den Beginn eines Kampfes gegen alle irdischen Leidenschaften, dessen Ziel die Wiedergewinnung des verlorenen Gottebenbildes ist: denn nur wer mit diesem die ursprüngliche Schöpfungsschönheit wieder besitzt, kann zur ewigen Seligkeit gelangen. Über das Menschenmaß muß hinausschreiten, wer das leiblose Leben der Engel führen und gleich ihnen Gottes Angesicht beständig schauen will[320].

Die praktischen Anweisungen gehen von den Vorschriften für den Anfängerdienst des Neulings bei einem älteren Lehrmeister[321] bis zu umfassender Ordnung des gesamten mönchischen Lebens in den beiden Formen der Regeln. Größten Wert legt Basilius auf eine streng monarchische Leitung durch den Vorsteher, der in äußeren wie inneren Dingen den Mönchen an Gottes Statt gebietet, freilich auch in allem ihr Vorbild sein soll[322]. Das gemeinsame Gebet zu den festgesetzten Stunden ist Pflicht. Basilius gewinnt die 7 kanonischen Stunden so, daß er die sechs üblichen Horen (Morgen, Terz, Sext, Non, Vesper, Mitternacht) erweitert, indem er das Mittagsgebet (Sext) in eins vor und eins nach dem Essen zerlegt[323]: ein andermal rechnet er aber acht Gebetsstunden aus: da ist das Mittagsgebet einfach, aber zwischen Mitternacht und Sonnenaufgang ist noch ein Nachtgebet, die uns auch sonst bezeugte[324] Matutin „beim ersten Hahnenschrei“, eingeschoben, und auf die nach Vollendung des Tagewerks gefeierte Vesper folgt bei Einbruch der Nacht vor

[319] reg. fus. 45, 1 p. 392a vgl. reg. brev. 97 p. 449c.
[320] sermo ascet. 1, 1 p. 318 f. 1, 2 p. 320 a b.
[321] de renunt. saec. 2—4 p. 204—205.
[322] sermo ascet. 1, 3 p. 320 f. 2, 2 p. 324 f. reg. fus. 43 p. 389 f.
[323] de renunt. saec. 8 p. 209 e sermo ascet. 1, 4 p. 321 f.
[324] s. Bd. 3, 310.

dem Schlafengehen noch eine Hore, in der Psalm 91 rezitiert wird[325]. Bei den Vorschriften über die Aufnahme von Neulingen zeigt Basilius einen klaren Blick für die praktischen Fragen, und es ist lehrreich zu lesen, wie er vor unbesonnenem Verschleudern der irdischen Habe warnt und auf die Gefahr hinweist, daß daraus unerquickliche Auseinandersetzungen und sogar Prozesse entstehen können[326]. Entlaufene Sklaven werden nicht aufgenommen[327], Verheiratete nur, wenn sie vor mehreren Zeugen die Versicherung des Einverständnisses des anderen Ehepartners abgeben können[328]. Dagegen nimmt man Kinder jeden Alters auf: Waisenkinder ohne weiteres, andere müssen von den Eltern vor Zeugen übergeben werden.

Alle Kinder werden gesondert von den Erwachsenen untergebracht und sorgfältig erzogen, auch mit wissenschaftlicher Bildung versehen. Kommen sie in die Unterscheidungsjahre, so können sie frei wählen, ob sie sich dem Mönchsleben widmen oder in die Welt gehen wollen: dann müssen sie vor Zeugen ihren Austritt erklären[329]. Der Mönch, der zwar nicht in die Welt zurückkehren, aber um seine eigene Seele besser zu fördern aus der Gemeinschaft ausscheiden will — wie es z. B. Euagrius Ponticus gemacht hat — muß seine Gründe den führenden Männern des Klosters darlegen und kann dann mit ihrer Zustimmung vor Zeugen seinen Abschied erhalten[330]. Was über die Pflege der Askese, über auferlegte Entbehrungen und Strafen gesagt wird, ist von gesunder Einsicht diktiert, und wenn man sich der radikalen Ausführungen des mesopotamischen Symeon erinnert, so liest man die warme Verteidigung der ärztlichen Kunst, durch die Basilius seine ausführlichen Regeln beschließt, mit besonderem Vergnügen[331].

---

[325] sermo ascet. 1, 4 p. 321 rechnet sieben, reg. fus. 37, 3—5 p. 383 f. acht Horen.
[326] reg. fus. 9, 1—2 p. 351 f.
[327] reg. fus. 11 p. 353.
[328] reg. fus. 12 p. 354.
[329] reg. fus. 15 p. 355—357.
[330] reg. fus. 36 p. 381.
[331] s. o. S. 175; reg. fus. 55 p. 397—401.

In all diesen Anweisungen und Erörterungen ist der am Hellenentum geschulte, durch Origenes geweihte Geist des Verfassers spürbar, der mit der ganzen Kraft seines jungen Volkstums die Gottesoffenbarung des griechischen Christentums ergreift und unverkümmert zu bewahren strebt. Und die griechische Kirche hat ihm dafür den würdigsten Dank abgestattet: seine Regeln sind allenthalben aufgenommen worden und sind bis zum heutigen Tag die Grundlagen des orthodoxen Klosterlebens geblieben.

Hier endet das Manuskript, das Hans Lietzmann bei seinem Tode am 25. Juni 1942 hinterließ. Den letzten Federzug daran tat er nach Ausweis der Datumseintragungen am 15. Juli 1941, also kurz vor dem Beginn seines Krankenlagers und an einem Tage, der für ihn durch den Soldatentod seines Sohnes Joachim die schmerzlichste Bedeutung gewinnen sollte.

Geplant war noch ein Kapitel über die Kultur im 4. Jahrhundert und ein weiteres über die Anfänge der christlichen Kunst, ohne daß es zu Aufzeichnungen darüber gekommen wäre. Mit dem Schmerz über das Fehlende muß sich doch die Dankbarkeit darüber verbinden, daß der Zustand des Manuskriptes ohne weiteres einen zuverlässigen Druck ermöglichte. Außer der Berichtigung geringfügiger Schreibversehen brauchte nichts verändert zu werden. Zweifel konnten über den Untertitel entstehen, über den sich Lietzmann noch nicht schlüssig geworden war. Die jetzige Form versucht dem besonderen Inhalt dieses Bandes gerecht zu werden, obwohl der enge sachliche Zusammenhang mit dem vorhergehenden eine Unterscheidung schwierig macht. Den Druck überwachte der Unterzeichnete, unterstützt von cand. phil. Sabina Lietzmann und Lic. habil. Kurt Aland.

Berlin, den 3. Februar 1944.

Walther Eltester.

Literatur

soweit abgekürzt zitiert; vgl. die Listen in den früheren Bänden.

Afrahat benutzt nach der Ausgabe von J. Parisot in der Patrologia Syriaca 1, 1—2. Paris 1894/1907.

Apophthegmata Patrum s. o. S. 132 Anm. 65.

Athanasius: H. Fromen, Athanasii historia acephala, phil. Diss. Münster 1915; F. Larsow, Die Festbriefe des hl. A., Bischofs von Alexandria, aus dem Syrischen übersetzt, Leipzig 1852; die Vita Antonii nach Montfaucon Bd. 1, 2 (1698); vgl. o. S. 154 Anm. 158.

Augustin: Die hier benutzten Schriften De opere monachorum, Retractationes, De peccatorum meritis et remissione sind im Corp. Script. Eccl. Lat. Bd. 41, 36 und 60 erschienen. Die Confessiones nach Skutella Leipzig 1934.

Basilius wird zitiert nach der Benediktiner - Ausgabe von J. Garnier und Pr. Maran, Paris 1721/1730, 3 Bände (die Briefe in Bd. 3, die asketischen Schriften im 2. Bd.).

Campenhausen, Hans von, Ambrosius von Mailand als Kirchenpolitiker, Berlin 1929 (Arb. z. Kirchengesch. 12).

Cassianus, Johannes, hrsg. von Petschenig im Corp. Script. Eccl. Lat. Bd. 13 und 17, Wien 1886/1888.

Chronicon Edessenum zitiert nach Guidis Ausgabe im Corp. Script. Christ. Orientalium, script. syri III Bd. 4, Paris 1904.

Claudianus hrsg. von Th. Birt, Berlin 1892 (Monum. Germaniae, Auct. antiqu. Bd. 10).

Codex Theodosianus, Ausgabe v. Th. Mommsen u. P. M. Meyer, Berlin 1905.

Coustant, Pierre, Epistolae Romanorum Pontificum, Paris 1721.

Digesta in der Stereotypausgabe des Corpus Iuris von Th. Mommsen u. P. Krüger Band 1, Berlin 1911.

Epiphanius wird benutzt nach der Ausgabe von Karl Holl, Leipzig 1915 ff. (im Berliner Corpus Band 25, 31, 37).

Facundus, Pro defensione trium capitulorum ed. J. Sirmond, Paris 1629 (danach Migne lat. 67, 527 ff.).

Gaius, Institutiones, edd. P. Krüger-W. Studemund, Berlin 1905 (Collectio librorum juris antejustiniani Bd. 1).

Gennadius, Handausgabe bei C. A. Bernoulli, Hieronymus und Gennadius De viris inlustribus, Freiburg 1895.

Gregor von Nazianz benutzt in der Benediktiner - Ausgabe,

Bd. 1 (die Reden) Paris 1778, Bd. 2 1840.

Gregor von Nyssa, Contra Eunomium ed. W. Jaeger Berlin 1921, 2 Bände.

Heussi, Karl, Der Ursprung des Mönchtums, Tübingen 1936.

Hieronymus, Gesamtausgabe von D. Vallarsi, Verona 1734 ff., 11 Bände. Briefe, hrsg. von J. Hilberg im Corp. Script. Eccl. Lat. 54—56, 1910 ff. Die Chronik, hrsg. von R. Helm, im 7. Band (2 Teile) der Ausgabe des Eusebius im Berliner Corpus (Band 24 u. 34), Leipzig 1913/1926.

Holl, Karl, Enthusiasmus und Bußgewalt beim griechischen Mönchtum, Leipzig 1898.
Ders., Amphilochius von Ikonium, Tübingen 1904.

Iordanis Romana et Getica rec. Th. Mommsen, Berlin 1882 (Monum. Germaniae Auct. Antiqu. Bd. 5, 1).

Kanones der Konzilien, wenn nicht Labb zitiert wird (s. o. Bd. 2, 330), nach H. Bruns, Canones Apostolorum et Conciliorum Bd. 1, Berlin 1839; Fr. Lauchert, Die Kanones der wichtigsten altkirchlichen Konzilien, Leipzig 1898.

Koch, Hugo, Quellen zur Geschichte der Askese und des Mönchtums in der alten Kirche, Tübingen 1933.

Kyrill von Jerusalem nach der Ausgabe von W. Reischl und J. Rupp, München 1848/1860, 2 Bände.

Maximini dissertatio contra Ambrosium, hrsg. von Fr. Kauffmann, Aus der Schule des Wulfila, Bd. I, Straßburg 1899.

Namatianus, Rutilius Cl., De reditu suo, ed. L. Müller, Leipzig 1870.

Pacatus in Duodecim Panegyrici Latini, ed. Guil. Baehrens, Leipzig 1911.

Pachomius s. o. S. 134 Anm. 69, S. 134 Anm. 70 und S. 154 Anm. 5.

Palladius, Hist. Lausiaca s. o. S. 142 Anm. 111 und S. 154 Anm. 158.

Paulinus, Vita Ambrosii in Bd. 1 der Benediktiner-Ausgabe des Ambrosius, Paris 1686.

Photius, Bibliotheca, hrsg. von J. Becker, Berlin 1824.

Possidius, Vita Augustini in der Benediktiner-Ausgabe d. Werke Augustins Band 10 (Paris 1690), Appendix S. 257 ff.

Priscillian; die Ausgabe von G. Schepß im Corp. Script. Eccl. Lat. Band 18, Wien 1889.

Rauschen, Gerhard, Jahrbücher der christlichen Kirche unter dem Kaiser Theodosius d. Gr., Freiburg 1897.

Reitzenstein, Richard, Historia monachorum und Historia Lausiaca. Eine Studie zur Geschichte des Mönchtums und der frühchristlichen Begriffe Gnostiker und Pneumatiker, Göttingen 1916 (zitiert mit „Studie").

Rufin, die Kirchengeschichte hrsg. von Th. Mommsen in der großen Ausgabe der Kirchengeschichte Eusebs von Ed. Schwartz, Leipzig 1903 ff. 3 Bde. (im Berliner Corpus). Die

Mönchsgeschichte (= Hist. mon.) s. o. S. 142 Anm. 110.
Seeck, Otto, Ausgabe des Qu. Aurelius Symmachus, Berlin 1883 (Monum. Germaniae Auct. antiqu. Band 6, 1).
Sulpicius Severus, Ausgabe von C. Halm, Wien 1866 (Corp. Script. Eccl. Lat. Bd. 1).
Theodoret, Gesamtausgabe von Schulze-Noesselt, Halle 1769/1774, 5 Bde. Die Historia religiosa in Bd. 3.
Tillemont, Seb. Le Nain de, Mémoires pour servir à l'Histoire ecclésiastique des six premiers siècles, Paris 1693 ff. 16 Bde.
Turner, Ch. H., Ecclesiae occidentalis monumenta iuris antiquissimi, 2 Bde. Oxford 1899/1930.
Wessel, Carolus, Inscriptiones graecae christianae, Berlin, Weidmann 1954/55.
Zosimus, Historia, ed. L. Mendelssohn, Leipzig 1887.

Zeittafel

um 320 Pachoms Klostergründung.
um 350 Kyrill von Jerusalems Katechesen
356 Antonius stirbt 105jährig.

363—364 Jovian

Westen		Osten	
364—375	Valentinian I.	364—378	Valens
367—383	Gratian		
366—384	Damasus v. Rom		
373	Athanasius †		
379	Basilius †		
373—380	Petrus II. v. Alexandria		
374—397	Ambrosius v. Mailand		
375—392	Valentinian II.	379	Theodosius I.
383—388	Maximus		
392—394	Eugenius		

(388) 392—395 Theodosius I. Alleinherrscher

381 Konzil zu Konstantinopel
386 Johannes Chrysostomus wird Priester in Antiochia
389 Hieronymus Mönch in Bethlehem
389 Gregor v. Nazianz †
399 Euagrius Ponticus †
um 400 Rufins u. Palladius' Mönchsgeschichten

Register

FSC
www.fsc.org
MIX
Papier | Fördert gute Waldnutzung
FSC® C083411

Kolibri 360 GmbH
Ferdinand-Jühlke-Straße 7
99095 Erfurt, Deutschland
produktsicherheit@kolibri360.de